# The Art of Advanced Cocktail

## 調酒師最先端雞尾酒譜

いしかわ あさこ (ASAKO ISHIKAWA)

瑞昇文化

**Caviar Rainbow**

魚子醬彩虹

（詳細內容請參照128頁）

# Trend of Cocktail
──雞尾酒「異次元」的展開啟航

雞尾酒經常推陳出新。藉由材料、工具、技術、流行等酒吧相關環境的變化,調酒師在調酒方式與手法上下功夫,創造出種類難以計算的全新雞尾酒。新鮮水果用於雞尾酒的情況變得普遍後,將蔬菜、草本植物(藥草)、辛香料與烈酒搭配,可品味這些材料的特調雞尾酒在倫敦誕生,食物與飲品無國界化並逐漸滲透到巴黎、紐約等歐美地區。餐廳主廚經營酒吧,或轉職成調酒師都是稀鬆平常的事,於是他們思考各種材料的契合度與組合效果,創造出積極運用當季材料的雞尾酒。

這樣的風潮,使雞尾酒的世界變得更加寬廣。留意水果與蔬菜的產地,或是在自家種藥草的調酒師變多了,就連以往未曾用於雞尾酒的材料,也開始被廣泛地使用。

在注重健康、有機、環保的歐美地區,不僅私釀的酒、苦味和糖漿,有機類的製品也很受歡迎。附加各種香料的風味烈酒,也是多樣化的雞尾酒所不可或缺的。不只製品的內容,連標籤與瓶子的形狀也出現符合環保概念的類型。各調酒師、各家廠商對於材料與環境多方面思考,摸索著下一世代的雞尾酒。

*     *     *

除此之外,以分子廚藝在料理界掀起革命的西班牙餐廳「El Bulli(鬥牛犬餐廳)」[※],也對酒吧的世界造

成影響。藉由酒精與科學的融合，利用這種前衛手法的分子雞尾酒，和調酒技術同樣是從料理界被吸收到酒吧界，不只飲用，連外觀都像甜點的「可食用雞尾酒」使得品味方式增加了廣度。對於調理方式的劃時代創意，加上付諸實現的各式新工具，如今都交付在調酒師手上。包含泡沫在內，真空調理器、液態氮、香氛噴霧機、煙霧機等，這些設備經過調酒師的巧手，使雞尾酒的可能性大為增加，實現了以往觀念所想像不到的絕妙點子。

香氣、味道、特色等皆為全新感受，雞尾酒的確邁入了完全活用五感來體驗的領域。每一杯雞尾酒的故事都更增添一層色彩，從製作到帶給客人驚奇與感動，淺嚐一口時帶來的喜悅與發現，如此充滿娛樂性的表現手法已成為標準要求。

實際上，在全世界的調酒師彼此較勁的競賽中，除了創作性與技巧，還對傳達、即興演出、表演能力進行綜合性的評判，而日本也有許多調酒師參賽。

其中，在世界人賽獲得優勝的日本調酒師也逐漸增加。包含廠商主辦的競賽，國際調酒師協會主辦的世界大賽中日本調酒師也獲得優勝等，日本調酒師在全世界的活躍表現，儼然成為2011年當紅的話題。

日本人獨具的正確、縝密、仔細、款待的心、清潔感、技術、纖細的表現力得到肯定，研究日本調酒的海外調酒師也逐漸增加。

原本日本調酒師的技術在世界上已經是數一數二，豐富的水果等食材、容易取得角冰的環境，在在都有益於調酒的發展。日式食材與製作圓冰的技術等眾多要素也都受到全球的矚目。不只各國的活動，在紐約、倫敦、新加坡、上海、北京等地接下酒吧，大顯身手的日本調酒師，他們的存在也備受肯定。

＊　　＊　　＊

2011年如前文所述，是日本調酒師們在世界舞台上極為風光的一年，甚至連日本國內也舉辦了盛大

的活動。即5月13日舉辦的「雞尾酒之日」。這是美國早已廣為人知的日子，它的發源可溯自1806年，美國報紙上首度出現「Cocktail（雞尾酒）」這個單詞，並發布了其定義。日本也想制定「雞尾酒之日」，便由NBA、HBA、PBO、ANFA※這4個團體共同號召舉辦，有許多調酒師和飲料廠商前來參加。活動中，協會和廠商聯合懷抱著炒熱酒會現場的強烈心情（下方的2張照片）。

＊　　＊　　＊

接下來要介紹的雞尾酒，全都是以往在日本不曾於雞尾酒書籍出現過的全新雞尾酒。

在透過網路就能取得世界各地資訊的現在，雞尾酒的照片、酒譜、調製時的動態影像已陸續被上傳到網頁，調酒師和品酒師都能接收到各國的創意雞尾酒帶來的啟發與刺激。採用先進工具或技術調製的雞尾酒或在標準酒譜上增添時尚元素或調酒師個人特色所調製的特調雞尾酒（在經典雞尾酒上添加新意的調酒），在未來也會持續發展下去吧。

就在此刻的這個瞬間也有新的雞尾酒誕生，往後必定會有特殊的工具或技法陸續出現眼前。在時時刻刻變化中的酒吧現場，希望這段經歷能烙印在您心裡。

※譯注：El Bulli是全世界老饕們心目中的美食聖殿。它位於西班牙加泰羅尼亞的玫瑰城。自1961年開業至今，獲得米其林評選為三星餐館，又六度獲英國專業美食雜誌「餐廳」列為「世界最棒的50家餐廳」第1名。2011年起，因主廚研修之故修業3年，預計以2014年重開。

※ NBA…日本調酒師協會（Nippon Bartenders Association）、HBA…日本飯店調酒師協會（Hotel Barmen's Association，Japan）、PBO…專業調酒師組織（Professional Bartender's Organization）、ANFA…全日本傑出調酒師協會（All Nippon Flair Bartenders' Association）

# CONTENTS

# 本書的閱讀方式

## Espuma
泡沫
— 類別名稱

在世界各地的酒吧現場展現的新技法——Espuma 泡沫。種類豐富的嶄新器具創造出以往沒有的多彩繽紛產品。其先驅可堪稱是Espuma吧。
Espuma在西班牙語中是「泡沫」的意思，它是在食材中添加一氧化二氮氣體（N₂O）製作出慕斯狀泡沫的調理法（或調理器具）。西班牙餐廳「El Bulli（鬥牛犬餐廳）」的主廚便將其使用於料理中。在當時被譽為是劃時代的技法而在餐廳和咖啡店之間引起不少話題。
以Espuma做出來的泡沫會帶空氣般輕柔，加上能衛生的保存下來，所以可以先做好擺著。不使用打蛋器或手動攪拌機也能簡單做出泡沫，並可利用各種材料來增加菜單的多樣性，是種新穎的口味。
操作方法是先將材料和凝固劑加到專用給泡器（dispenser）內，再注入一氧化二氮氣體。然後搖晃給泡器使它冷卻後，只要按押拉桿，材料就會呈現泡沫噴擠出來。
味道當然會隨著不同材料而出現不同質感，而且不管是冷的還是熱的材料都能做出泡沫狀。

它是很方便的調理法，但因為材料有易凝固和不易凝固的差異。因此，能否確實掌握各材料的特徵是很重要的關鍵，形成泡沫後會增加刺激而使酒精感更順滑。所以基本上，果汁、糖漿、或口味豐厚的甜利口酒，比較適合Espuma的泡沫。
凝固劑則使用了凝膠、鮮奶油、蛋白、馬鈴薯、西洋菜、卵磷脂（含有豆腐、豆乳）等，凝固劑的種類和使用量會影響Espuma的質感轉變。凝膠太過泡沫凝固，解奶油依濃度不同會左右完成品，這些都是必須注意的項目。另外，加到給泡器裡的液體如果不是糊狀，就會形成一坨坨的坑狀而無法製作出漂亮的泡沫，所以請務必好好地濾乾、過濾乾淨。而且，使用前確實冷卻並充分搖勻也是重點。

這次介紹Espuma的給泡器是S Size。因此，以150ml為基本酒譜，雖然也受材料影響，但大約是製作7~8杯的量。保存方法是將各給泡器放入冰箱內。

※譯注：有關西班牙El Bulli餐廳，請見P.5譯注。

11

— 類別簡介

## Grasshopper
綠色蚱蜢
— 雞尾酒名稱

原本是以薄荷起酒（Pousse-Café）類型的綠蚱蜢（Grasshopper）。如同巧克力薄荷的口感，讓平常飲用的人能輕鬆喝之的綠色雞尾酒。搖晃一氧化氮再利用細緻玻璃杯呈現泡沫口感，泡沫如果用剛做過多會變得過生厚。所以這道與我用細緻玻璃杯才能做出這種體，加此做出薄荷的巧合的話，這一點也跟所謂之一塊。搖克得內的泡泡及材料將的和和濃度至深不可展現，也很順暢重疊做。
— 雞尾酒簡介

綠薄荷利口酒 15ml
白可可利口酒 10ml
鮮奶 1片
（以下為Espuma泡沫材料）
鮮奶 150ml
凝膠 2g
— 酒譜

1. 剝的薄荷葉後加入給泡器，然後添加凝膠，攪至濃稠，再次卻搖晃。
2. 把綠薄荷利口酒和白可可利口酒放入凝固的給泡器內攪拌。
3. 注入到細緻玻璃杯中，再疊上1的泡沫。
4. 把薄荷葉飾在泡沫上。
— 調酒步驟

14

※編注：1tsp：1茶匙＝5cc＝5ml，1dash＝1ml，1drop＝差不多一滴

各類別的簡介頁面後方，會介紹有使用相關器具或技術的雞尾酒。其中為了得到相乘效果，也收錄了其他種類，或用不同手法調製而出的雞尾酒。另外，也出現了許多被譽為經典款的標準雞尾酒的名稱，但本書除了「Classic經典款雞尾酒」這一章外，其他介紹的雞尾酒都是各調酒師的原創作品，敬請見諒。
另外，「空氣化（Aire）」和「晶球化（Spherification）」等新技法，會依調酒師不同而有使用器具或步驟的差異。
使用的雪克杯幾乎都是日本國內販售中的商品，不過，「Flavored Spirits風味烈酒」這一章內有許多商品目前日本國內尚未販售。另外，基調使用的烈酒標示，也只註明指定白蘭地時的酒名。
文中的用語皆整理在第132頁的「用語集」內，請對照使用。

（※）各類別的第一道雞尾酒，會在隔頁附上製作步驟的照片一併解說（Classic經典款雞尾酒除外）。「Homemade Syrup自製糖漿、Homemade Bitters自製苦味」這一章不是介紹雞尾酒，而是首度刊載糖漿和苦味的基本製法。

# Espuma

泡沫

在世界各地的酒吧現場展現的新技法——Espuma泡沫。種類豐富的嶄新器具創造出以往沒有的多彩雞尾酒，其先驅可堪稱是Espuma吧。

Espuma在西班牙語中是「泡沫」的意思，它是在食材中添加一氧化二氮氣體（$N_2O$）製作出幕斯狀泡沫的調理法（或調理器具）。西班牙餐廳「El Bulli（鬥牛犬餐廳）」※的主廚便將其使用於料理中，在當時被當作是劃時代的技法而在餐廳和咖啡店之間引起不少話題。

以Espuma做出來的泡沫會像空氣般輕柔，加上能衛生的保存下來，所以可以先做好擺著。不使用打蛋器或手動攪拌機也能簡單地做出泡沫，並可利用各種材料來增加菜單的多樣性，品嚐新穎的口味。

操作方法是先將材料和凝固劑加到專用給泡器（dispenser）內，再注入一氧化二氮氣體。然後搖晃給泡器使它冷卻後，只要按押拉桿，材料就會呈現泡狀擠壓出來。

味道當然會隨著不同材料而出現不同質感，而且不管是冷的還是熱的材料都能做出泡沫狀。雖然它是很方便的調理法，但因為材料有易凝固和不易凝固的差異，因此，能否確實掌握各材料的特徵是很重要的關鍵。形成泡沫後會增加刺激而使酒精感更明顯，所以基本上，果汁、糖漿、或口味豐富的甜利口酒，比較適合Espuma的泡沫。

凝固劑則使用了凝膠、鮮奶油、蛋白、馬鈴薯、西洋洋菜、卵磷脂（含有豆腐、豆乳）等，凝固劑的種類和使用量會使Espuma的質感轉變。凝膠太過冰涼會凝固，鮮奶油依濃度不同會左右完成品，這些都是必須注意的項目。另外，加到給泡器裡的液體如果不是糊狀，就會形成一坨坨的坨狀而無法製作出漂亮的泡沫，所以請務必好好地篩選、過濾乾淨。而且，使用前確實冷卻並充分搖勻也是重點。

這次介紹Espuma的給泡器是S Size。因此，以150 ml為基本酒譜，雖然也受材料影響，但大約是製作7～8杯的量。保存方法是將各給泡器放入冰箱內。

※譯注：有關西班牙El Bulli餐廳，請見P.5譯注。

# Rose Nikolaschka

玫瑰尼古拉斯

這是稍微改變了「尼古拉斯（Nikolaschka）」雞尾酒的做法。它原是
將檸檬切片的果肉和擺放在其上的砂糖一起在口中混合，然後和裝在
短腳玻璃杯內的白蘭地一齊品嚐的雞尾酒「尼古拉斯」。經由以玫瑰
花瓣和巧克力取代尼古拉斯的檸檬和砂糖，使外觀更呈現出優雅的高
級感。而且，以玫瑰糖漿和濃郁鮮奶油製作的華麗泡沫，更誘發出白
蘭地的香醇。請先將玫瑰花瓣和巧克力含在口中，再啜飲一口白蘭
地，之後一邊享受其甘甜餘韻，一邊緩慢地品嚐它吧。若白蘭地使用
已在冰箱冷卻好的成品，則會更加美味。

白蘭地　30㎖
巧克力　1片
可食用的玫瑰花瓣　1片
（以下為Espuma的泡沫材料）
玫瑰糖漿　75㎖
鮮奶油　75㎖

首先，把基調的材料放入給泡器（dispenser）。這裡使用的是玫瑰糖漿。

在短腳玻璃杯內注入科涅克白蘭地。

接著，放入「凝固劑」的鮮奶油。雖然也有是否和巧克力適合的問題，但為了做出豐富又有光澤的成品，還是決定使用鮮奶油做「凝固劑」。泡沫的質感會依「凝固劑」的種類和份量變化。另外，凝膠部分使用粉末凝膠較佳。材料全部放入後，把蓋子裝在雪克杯上確實旋緊。

將巧克力片放置在玻璃杯上。

旋緊氣體的接合部以填充氣體（一氧化二氮）。

在巧克力片上擠出泡沫。利用高壓使注入的氣體和食材溶解，拉下給泡器的拉桿釋放出食材。氣體和食材內的凝固劑會膨脹，做出泡沫。

上下搖晃以混合雪克杯內的液體和氣體，再放著冷卻。搖晃次數也依食材而不同，約10～20次左右。

裝飾可食用的玫瑰花瓣。

# Grasshopper

### 綠色蚱蜢

原本是3層彩虹酒（Pousse-Café）類型的蚱蜢（Grasshopper）。
如同巧克力薄荷的口感，讓不愛甜食的人容易敬而遠之的雞尾酒，
搖身一變成為可用短腳玻璃杯恣意品味的類型。泡沫如果用鮮奶油
來做會變得太甜，所以這邊改用鮮奶代替。但鮮奶和鮮奶油不一
樣，鮮奶如果沒有事先打泡會無法形成泡沫，這一點請務必注意。
搖晃後的成品和所謂的彩虹酒會呈現不同風味，也是關鍵要點。

綠薄荷利口酒　15㎖
白可可利口酒　15㎖
薄荷　1片
（以下為Espuma的泡沫材料）
鮮奶　150㎖
凝膠　3g

1. 鮮奶打泡後倒入給泡器。然後添加凝膠、填充氣體、再冷卻備
   用。
2. 把綠薄荷利口酒和白可可利口酒倒入玻璃攪拌杯內攪拌。
3. 注入到短腳玻璃杯後，再擺上1的泡沫。
4. 把薄荷裝飾在泡沫上。

# Singapore Sling

## 新加坡司令

鮮紅欲滴、基調明確且酒精濃度略高的雞尾酒──新加坡
司令（Singapore Sling）。它是最適合在整年度皆高溫濕熱
的常夏之國─新加坡飲用的類型，所以考量到要在日本飲
用時，可稍微調整酒譜，讓它能喝起來更順口。如果只用
鳳梨汁，則酸味會略顯不足，所以可再加上柳橙汁，並以
POM糖漿取代石榴糖漿放入其中。同時，櫻桃白蘭地可做
成晶球狀（Spherification，像是鮭魚子一般，把液體封閉在
薄膜中的球體狀），中間放入萊姆和柳橙的切片隔開上下
層，讓外觀看起來是賞心悅目的雙層雞尾酒。

琴酒　　30㎖
鳳梨汁　60㎖
柳橙汁　15㎖
萊姆汁　1 tsp
POM糖漿　1 tsp

萊姆切片　1片
柳橙切片　1片

1. 將材料倒入給泡器，然後填充氣體後冷卻備用。
2. 將晶球狀（Spherification）的成品倒入玻璃杯內接近一半
   的量後，以萊姆和柳橙做成它的蓋子。
3. 注入1的泡沫，然後擺上吸管。

（晶球材料）
櫻桃白蘭地　150㎖
葡萄糖　3～4 g
Chantana　0.6 g
海藻酸　2.5 g

1. 將海藻酸以外的食材用攪拌器攪拌，然後冷藏24小時。
2. 將海藻酸倒入水（500ml，不在份量內）中攪拌，然後冷
   藏24小時。
3. 等呈現出透明度後，用小湯匙舀起1的成品放到2裡面，
   放置1分鐘。
4. 經過1分鐘後，把成品取出來再浸到水裡1分鐘。

使用葡萄糖是為了晶球化，而Chantana則是用來維持味道
的濃度。晶球狀的成品可以浸漬到櫻桃白蘭地裡面後，再
放入冰箱保存。

# Pea Martini

豌豆馬丁尼

使用芳醇甘甜、柔順感十足的西洋梨糖漿並搭配食性適合的豆類所
製作出的馬丁尼。將豌豆和大豆（豆腐）2種豆類，以液體和
Espuma的泡沫方式，調和出能讓人有健康感覺的雞尾酒。雖然西
洋梨糖漿只加了1tsp的量，卻已能充分嚐到甘甜的滋味。另
外，在杯緣上抹半圈的鹽可以誘發出豆類的風味。

伏特加　45㎖
西洋梨糖漿　1tsp
萊姆汁　1tsp
豌豆　1大匙
鹽　適量
（以下為Espuma的泡沫材料）
豆漿　150㎖
凝膠　3g

1. 在雞尾酒玻璃杯的杯緣上塗抹半圈的鹽。將豆漿和凝膠倒入
　 給泡器，然後填充氣體後冷卻備用。
2. 將伏特加、西洋梨糖漿、萊姆汁、豌豆放入攪拌器內攪拌。
3. 把2用雪克杯的篩子過濾後搖晃，再倒進雞尾酒玻璃杯內。
4. 倒入1的泡沫後即完成。

# Kinkan Bonbon Sake Martini

金桔‧Bonbon‧清酒馬丁尼

金桔以預防感冒聞名，尤其金桔的皮富含維生素。為了能連皮一起品嚐整顆金桔，因此從裝盛的器皿到內容物都使用金桔，做成能用手指拈住品茗的一口大小的手指料理（finger food）或點心模樣的雞尾酒。不限於使用日本酒，金桔也和琴酒或萊姆酒等也非常契合，不妨可試著使用自己喜愛的材料做成基調。

日本酒　100㎖
金桔　4個
單糖漿　10㎖
凝膠　3g
薄荷　1片

1. 金桔，先分成容器用和調製用之後切開。方法是將4個金桔中的1個連皮一起切開，剩下的3個橫向切開上部，並在避免弄破外皮的狀態下小心地把果肉挖出來再切開。3個的皮做成器皿，剩下的1個則用來調製雞尾酒。

2. 將日本酒、金桔（調製用）、單糖漿放入攪拌器內攪拌。

3. 把2用篩子過濾後倒入給泡器內，然後把凝膠也放進去。接著填充氣體後冷卻備用。

4. 把金桔（容器用）放進裝有碎冰的雞尾酒玻璃杯內，並裝飾薄荷。

5. 將3的泡沫倒入金桔（容器用）後即完成。

# Bloody Mary & Rocket Salad

血腥瑪麗 & 火箭沙拉

血腥瑪麗（Bloody Mary）的豔紅搭配芝麻菜（Eruca sativa）的翠綠，交融調和下呈現出強烈橘色對比的雞尾酒。芥末粉非常適合這酒的調性，它可以幫忙去除芝麻菜的生澀腥味。將經常搭配血腥瑪麗的芹菜做成泡沫時，必須先將芹菜切碎後加到蘋果汁等材料內再經過過濾就完成了，但做成泡沫所必須使用的芹菜量會非常多，在成本上耗資不低。因此，直接添加或許比較實際。

伏特加　30㎖
番茄汁　60㎖
檸檬汁　1 tsp
芥末粉　適量
（以下為Espuma的泡沫材料）
芝麻菜　1株
水　150㎖
凝膠　2 tsp

1. 將芝麻菜和水放入攪拌器內攪拌，過濾後再倒入給泡器內。然後放入凝膠，填充氣體後冷卻備用。
2. 在雞尾酒玻璃杯的杯緣上塗抹半圈的芥末粉。
3. 搖晃伏特加、番茄汁、檸檬汁，調和好後倒入雞尾酒玻璃杯。
4. 將1的泡沫倒入杯中即完成。

# Old Fashioned

## 古典酒

一提及古典酒（Old Fashioned），以擺放檸檬或柳橙做裝飾的較多，不過，這裡的威士忌不使用美國威士忌而改用日本威士忌，並利用和日本威士忌調性相合的蘋果來做泡沫和裝飾。蘋果和蜂蜜的組合，不知為何，總是給人一種懷念、溫柔又放鬆的感覺。同樣的，比方說，在加冰塊的美國威士忌上擺放柳橙等果香泡沫也會非常有趣。

威士忌　45㎖
苦味劑　1 dash
單糖漿　1 tsp
蘋果切片　2～3片
薄荷　1片
（以下為Espuma的泡沫材料）
蘋果汁　120㎖
蜂蜜　30㎖
凝膠　2 tsp

1. 將蘋果汁、蜂蜜、凝膠倒入給泡器內，填充氣體後冷卻備用。
2. 將威士忌、苦味劑、單糖漿倒入裝有冰塊的深長玻璃杯後，稍微攪拌調和。
3. 將1的泡沫倒入杯中，再以蘋果切片和薄荷裝飾即完成。

# Cherry blossoms & Perrier Marshmallow

櫻花 & 沛綠雅棉花糖

看起來就像是甜筒上裝著櫻花顏色般的冰淇淋，使用的材料和輕盈的口感接近棉花糖的感覺。抹茶一入口就溶化了，像是在吃櫻花麻糬※奶油的感覺。加上蔓越莓糖漿後更強化了顏色，以更炫麗的粉紅色展現櫻花的概念。倒入沛綠雅礦泉水（Perrier）來調整甜度，讓口感更滑潤柔和好入口。

櫻花利口酒　30mℓ
檸檬汁　10mℓ
蔓越莓糖漿　10mℓ
沛綠雅礦泉水　100mℓ
凝膠　3g
抹茶　適量
甜筒　1個

1. 將抹茶和甜筒以外的材料倒入給泡器內，填充氣體後冷卻備用。

2. 將甜筒固定在支架上，再將1的泡沫裝進去。

3. 撒上抹茶即完成。

（※譯注：用櫻花葉包裹住麻糬的日式甜點。）

# Leonardo & Yuzu

李奧納多 & 柚子

甘甜多汁又略帶微酸的草莓和酸味強勁又帶有獨特清爽
香氣的柚子搭配。在此，先利用草莓和氣泡葡萄酒製作
雞尾酒「李奧納多（Leonardo）」，再添加柚子的泡沫和
裝飾。草莓和柚子的食性相合，把柚子和糖漿一起做成
泡沫，能使成品更易入口，呈現出柔和的觸感。

草莓果泥（Strawberry puree） 30㎖
草莓糖漿　1 tsp
氣泡葡萄酒　適量
柚子的皮　適量
（以下為 Espuma 的泡沫材料）
水　90㎖
糖漿　30㎖
柚子汁　30㎖
凝膠　1 tsp

1. 將水、糖漿、柚子汁、凝膠倒入給泡器內，填充氣體
   後冷卻備用。
2. 將草莓果泥、草莓糖漿、少量的氣泡葡萄酒倒入攪拌
   器內攪拌，然後把調和好的材料倒入雪克杯內搖晃。
3. 玻璃杯內倒入氣泡葡萄酒後，再把 2 倒進去。
4. 擺上 1 的泡沫。用削菜器削柚子的皮，再撒在泡沫上
   裝飾即完成

# Irish Coffee

### 愛爾蘭咖啡

倒入不含糖的威士忌和咖啡後，在上面擺放微甜泡沫的愛爾蘭咖啡。咖啡上擺放的泡沫，是宛如使用雞蛋、香草、鮮奶所製作的煉乳般香甜，和一般的愛爾蘭咖啡一樣，能提煉出和奶油（泡沫）取得絕佳平衡的濃郁咖啡。另外，挑選覆盆子作為和咖啡搭配的水果香氣，在最後完成前，撒在咖啡的泡沫上。

愛爾蘭威士忌　30㎖
熱咖啡　適量
覆盆子薄片　適量
（以下為Espuma的泡沫材料）
蛋黃　1個
香草糖漿　30㎖
鮮奶油　120㎖

1. 將蛋黃、香草糖漿、鮮奶油充分混合攪拌後倒入給泡器內。填充
   氣體後冷卻備用。
2. 將愛爾蘭威士忌和咖啡倒入熱飲專用的玻璃杯。
3. 將冷凍的覆盆子放入攪拌器內攪拌，做成薄片狀。
4. 將1的泡沫擺放在2上，再撒上3的覆盆子薄片裝飾即完成。

# Liquid Nitrogen

液態氮

液態氮（Liquid Nitrogen）就是液體的氮氣。使用液態氮製作的雞尾酒稱為液態氮雞尾酒或液氮雞尾酒（Nitrogen Cocktail）。氮是無色透明、無味無臭、且占了空氣中約8成，是最貼近我們的物質。它的液化結果就是液態氮，且沸點為極寒的－196℃，因此液態氮在常溫下會立刻蒸發。很多情況會利用這個性質做成讓食品急速冷凍的冷卻劑。液態氮雞尾酒也一樣是使用液態氮當作冷卻材料，創建出以往沒有的雞尾酒類型。

在雞尾酒上使用液態氮的優點，可列舉出：能夠有效又快速地冷卻、不需要在材料外另外添加水分、不容易溶解等項目。一般來說，搖晃液體或進行攪拌時會需要大量的冰塊，但只要使用了液態氮，就能把冰塊的用量限縮在最低限度，並能從常溫下立刻冷卻下來。

冰凍雞尾酒（Frozen Cocktail）的冰塊溶化後總是會變得水水的，但是只要使用這個方式，直至飲用到最後都不會溶解，可以盡情地品味冰凍雞尾酒。另外，白茫茫的煙霧在櫃檯擴散開來，讓人從外觀也能感受到豐富的娛樂性。

製作液態氮雞尾酒時，使用大碗是其基本。這是為了避免液態氮飛散到周圍，如果有少量的液態氮沾附到人體，也會因皮膚表面的體溫而自動蒸發，但若是大量的液態氮，則有可能導致凍傷，必須多加留意。另外，使用的水果和酒精的溫度會影響液態氮的使用量，當酒精濃度越高會越不容易凝固。

最後，購買液態氮時，必須接受氧氣販售公司的指導，以正確方式處理儲存容器，並務必確認可以正常換氣。

# Kiwi Caipiroska

奇異果卡比羅斯卡

使用巴西原產蒸餾酒——朗姆酒的「卡依冰林雅（Caipirinha）」的
伏特加版——「卡比羅斯卡（Caipiroska）」。利用液態氮冷卻它，
讓它呈現出不使用碎冰的純淨模樣。卡比羅斯卡也和卡依冰林雅一
樣，可以廣泛地變化酒譜，也很容易和水果搭配。這次雖然使用的
是奇異果，但為了保留果肉的口感，將不使用攪拌器，改以搗碎棒
搗碎後固定。

伏特加　30㎖
奇異果　1個
檸檬　¼個
單糖漿　10㎖
葡萄柚　¼個

在奇異果上方約⅕的位置切開，用湯匙挖出果肉，放進A碗。

一邊倒入液態氮一邊用打蛋器攪拌。

取出果肉之後的奇異果移到B碗，倒入液態氮冷凍它。這個部位是要當作器皿使用，所以需從上方倒入液態氮直到奇異果的形狀被固定為止。如果它快要倒下來，可以用長鑷子夾住它。

一邊觀察液態氮的量，一邊緩緩地倒入碗內。因為會從液態氮接觸到的部分開始結凍，因此可以像畫大圓一般利用打蛋器攪拌，讓液面的表面積變大，能夠更有效的冷卻下來。為了避免過度凝結，倒入液態氮後立刻用打蛋器混合攪拌是關鍵要點。

檸檬切成薄片，放入A碗和1的奇異果一起用搗碎棒搗碎。利用液態氮製作雞尾酒時，因考慮到效率和安全，最好能使用讓液面大範圍擴張的大碗執行作業。

在攪拌中途，若以液態氮不至於潑灑出來的程度稍微傾斜大碗的話，會有冰涼的冷氣流出到面前。能在櫃檯上演涼感大秀。

把伏特加倒入3，壓搾葡萄柚。

用湯匙挖出7，裝到2的容器內。

# Salty Dog
鹹狗

1940 年代，誕生於英國的鹹狗（Salty Dog），是以琴酒為基調，並在葡萄柚上添加少量的鹽，經搖晃混合製成的雞尾酒。不過，據說傳到美國後，便成了以伏特加為基調，並將鹽抹在外緣的方式。這種鹹狗，並非使用搖晃或攪拌的方式，而是以拋接的技法（參照 P.73）利用液態氮冷卻。甚至會利用液態氮冷凍切成橄欖狀的葡萄柚，藉以代替冰塊加進去。冰凍的葡萄柚果肉，除了有保冷的作用外，還具有不使雞尾酒變淡的功能。

伏特加　40ml
葡萄柚　1又½個
岩鹽　適量

1. 將切好的葡萄柚繞著大玻璃杯外緣擺放一圈，再用削菜器讓杯緣沾上安第斯山脈的岩鹽。搾葡萄柚（1個）。
2. 剝開葡萄柚（½個）的皮，切成8等分。放入液態氮，邊用手旋轉圓碗邊混合。然後不時地用湯匙舀液態氮，再倒到葡萄柚上。
3. 將伏特加和1的葡萄柚放入類似雪克杯瓶身的瓶內。將液態氮倒入另一個瓶內，進行拋接。
4. 將3倒進1的大玻璃杯裡，再把2的葡萄柚當作冰塊加上去即完成。

# American Lemonade

美國檸檬汁

使紅葡萄酒在檸檬汁上漂浮的美國檸檬汁（American Lemonade）。以紅白雙層對比做出具層次感的美麗雞尾酒。使用液態氮技法來調製這款雞尾酒，讓紅色和白色的層次感更加清晰，也相互輝映出立體感。紅葡萄酒未經細琢直接凝固，可直接的品嚐到其丹寧酸與果實味。冷凍後，甜味會變得模糊，所以檸檬汁嚐起來會比平常更甜一點，因此，做成冷凍的比較容易傳達甜味。食用時，混著一起吃會比個別食用兩種口味來得更美味！

紅葡萄酒　適量
水　適量
檸檬　½個
單糖漿　10㎖

1. 將搾好的檸檬放到A碗，倒入單糖漿和水。倒入液態氮並用打蛋器混合攪拌。

2. 將紅葡萄酒倒入B碗，添加液態氮後用打蛋器混合攪拌。

3. 用湯匙舀起1，放入雞尾酒玻璃杯。然後以同樣方式把2重疊上去即完成。

# Mojito

莫吉托

以「El Bulli（鬥牛犬餐廳）」※的書籍為構想的莫吉托（Mojito）。
利用液態氮冷凍萊姆的皮做成容器，然後再用液態氮冷凍調製好的
莫吉托放進萊姆皮的容器內。酒譜與做法皆豐富多樣的莫吉托，可
藉由添加苦味劑（Angostura bitters）來加重調性，或是利用它和
水果調性相合的優點，可思索出各式各樣的安排。利用液態氮冷凍
莫吉托的調製手法可以更增添清涼感，用來改變口中不好的味道，
或是當作餐後甜點的冰凍果子露（sorbet）食用，都是不錯的選
擇。

白朗姆酒　30㎖
萊姆　1個
單糖漿　2tsp
蘇打　適量
薄荷　適量

1. 利用壓搾機壓搾切除上部⅛的萊姆，並把皮的部分移放到A碗。

2. 將液態氮倒入1內，利用鑷子夾住萊姆，邊旋轉邊使它冷卻凝
   固。

3. 將薄荷葉撕碎放入B碗，再加入利用萊姆、糖漿、1所搾出的萊
   姆汁與蘇打。

4. 將液態氮倒入3內，用打蛋器混合攪拌。（緩慢地混合，若手感
   越來越重，即是已逐漸凝固的證據）

5. 用湯匙舀起4，放進2的容器內。

6. 裝飾薄荷葉。

※譯注：有關西班牙El Bulli餐廳，請見P.5譯注。

# Campari Orange Macaron

金巴利橙汁馬卡龍

利用液態氮，把金巴利柳橙汁做成點心般的馬卡龍。這是將金巴利酒放入泡沫內做成馬卡龍的素材，且柳橙汁利用液態氮冷凍後，看起來就好比是馬卡龍中間夾層的奶油。這是利用液態氮以低溫迅速"凝結"金巴利酒，但若是凝結過度，水分會流失而使成品裂開，需要多留意。必須在確定內側潤澤潮濕、外側略已凝固的狀態後取出。另外，為了讓它不會輕易溶化，最好能事先備妥冰涼的盤子。

金巴利酒　適量
柳橙汁　適量
熱水　適量
凝膠　3tsp
蛋白　1個

1. 將凝膠和熱水放入A碗，用打蛋器混合攪拌。
2. 將蛋白放入B碗混合，和1一起移到泡沫給泡器。然後倒入金巴利酒，搖晃給泡器後放著備用。
3. 將搾好的柳橙汁放入C碗，再加入液態氮並用打蛋器混合攪拌。
4. 將液態氮倒入大圓盆內，把2擠成圓形的形狀。
5. 用鑷子取出1片已經凝固好的4放在盤子上，然後用湯匙舀出3放在盤中的4上面。接著再取出1片4疊放在3的上面。

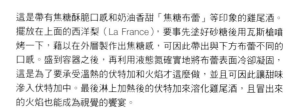

# Brûlée Poire

焦糖西洋梨

這是帶有焦糖酥脆口感和奶油香甜「焦糖布蕾」等印象的雞尾酒。擺放在上面的西洋梨（La France），要事先塗好砂糖後用瓦斯槍噴烤一下，藉以在外層製作出焦糖感，可因此帶出與下方布蕾不同的口感。盛到容器之後，再利用液態氮確實地將布蕾表面冷卻凝固，這是為了要承受溫熱的伏特加和火焰才這麼做，並且可因此讓甜味滲入伏特加中。最後淋上加熱後的伏特加來溶化雞尾酒，且冒出來的火焰也能成為視覺的饗宴。

西洋梨　½個
葡萄柚　¼個
單糖漿　1 tsp
伏特加　適量
砂糖　適量

1. 將砂糖撒在切好的西洋梨（¼個）上，用瓦斯槍把兩面燒出焦黃色。
2. 將西洋梨（剩下的¼個）、葡萄柚、單糖漿放入攪拌器攪拌成果泥般的糊狀。放入碗內倒入液態氮混合攪拌。
3. 用湯匙把2舀出來放進盤中，用搗碎棒調整形狀後，利用液態氮確實冷卻、凝固表面。之後把1放在上面，再淋上用酒精燈加熱後的伏特加。

# Tiziano

黃褐色提香

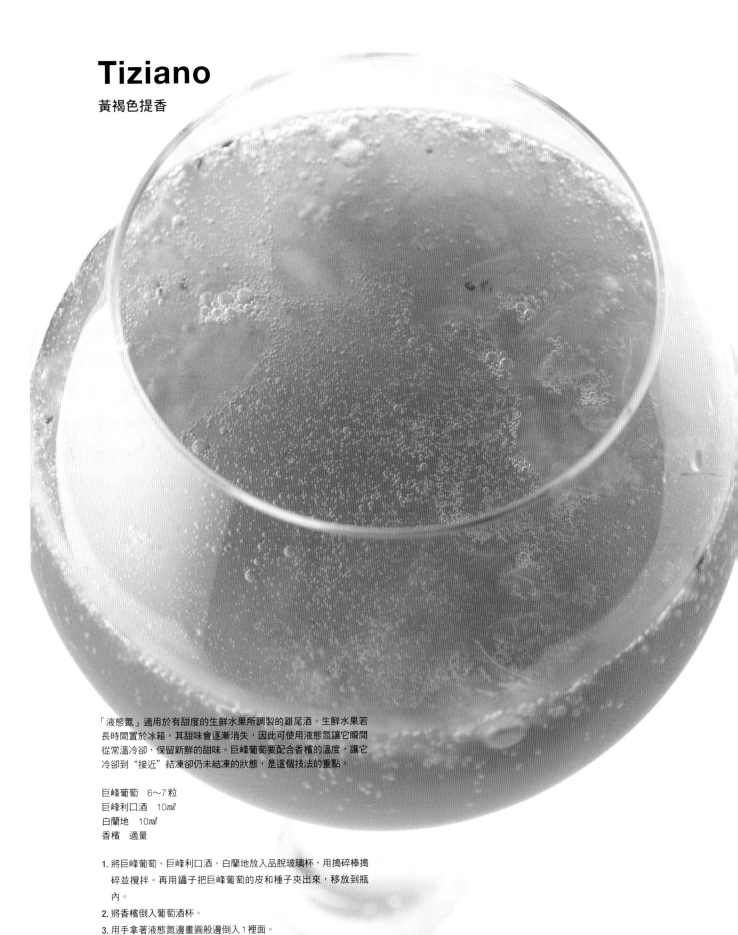

「液態氮」適用於有甜度的生鮮水果所調製的雞尾酒。生鮮水果若
長時間置於冰箱，其甜味會逐漸消失，因此可使用液態氮讓它瞬間
從常溫冷卻，保留新鮮的甜味。巨峰葡萄要配合香檳的溫度，讓它
冷卻到"接近"結凍卻仍未結凍的狀態，是這個技法的重點。

巨峰葡萄　6～7粒
巨峰利口酒　10㎖
白蘭地　10㎖
香檳　適量

1. 將巨峰葡萄、巨峰利口酒、白蘭地放入品脫玻璃杯，用搗碎棒搗
   碎並攪拌。再用鑷子把巨峰葡萄的皮和種子夾出來，移放到瓶
   內。
2. 將香檳倒入葡萄酒杯。
3. 用手拿著液態氮邊畫圓般邊倒入1裡面。
4. 將3加入到2裡，輕輕地攪拌。

# Sherry & Fig Vanilla Ice Cream

雪利酒 & 無花果香草冰淇淋

利用液態氮技法，在短時間內輕鬆做出冰淇淋的創意雞尾酒。它的
靈感來自於為了慶祝事典或紀念日而設計的 Flamber Dessert※
Cherry Sybille。Cherry Sybille 是將沾了櫻桃白蘭地 Kirsch 的櫻桃淋
上低酒精濃度的酒後燉煮，再把做好的熱醬成品淋在冰淇淋上。不
過，本次不使用櫻桃，改以無花果調製。這是能同時品嚐涼爽冰淇
淋和溫熱醬汁的甜點，搭配極甜的雪利酒 Pedro Ximénez，更可堪
稱一絕。

無花果　½個
鮮奶、鮮奶油、香草豆　各適量
單糖漿　20㎖
雪利酒 Pedro Ximénez　適量

1. 將無花果連皮一起整個用瓦斯槍
　噴烤，烤到呈現全黑後，再淋水
　剝皮。
2. 將鮮奶油、鮮奶、去掉外殼種子
　的香草豆、單糖漿全放到碗裡
　後，再用打蛋器混合攪拌。添加
　液態氮後再稍微混合，然後盛到
　盤子上。
3. 切開1，擺放到2上面。再淋上
　用酒精燈加熱好的雪利酒 Pedro
　Ximénez。

※譯注：Flamber，是將低濃度的酒淋
　在食材上的技法。Flamber Dessert則
　是利用上述技法製作的點心。

# Mango Yogurt

芒果優格

用優格裝飾空（透明）鮮奶瓶的內側，讓它從外觀看起來只是普通的白色鮮奶瓶。不過，一打開瓶蓋……卻是橙色芒果映入眼簾，是令人驚豔的雞尾酒。如果單純只有芒果，會感覺酒精感稍強，因此為了增添柑橘類的酸味而放入柳橙。然後再使用芒果糖漿，稍微提升甜度後就完成了。

芒果　1個
白朗姆酒　20㎖
柳橙　½個
優格　適量
芒果糖漿　10㎖

1. 將切好的芒果、搾好的柳橙汁、萊姆、芒果糖漿、優格放入A碗，再用搗碎棒攪拌。留下少量優格備用。
2. 將1剩下的優格放入瓶內，用手晃動瓶子讓整個瓶子，包括瓶口都沾附上白色。添加液態氮再用手晃動讓內側凝固。
3. 將液態氮倒進1裡，用打蛋器混合攪拌後，再用湯匙舀起來放進2內。

# Blue Hawaii

藍色夏威夷

這款雞尾酒，是利用液態氮凝固，做成如手指料理般用手指掐住品嚐的藍色夏威夷（Blue Hawaii）。通常，它會添加鳳梨當作裝飾，然後可品嚐到檸檬、藍色夏威夷、以至於紅櫻桃等味道的變化。從下方冒出來的白煙是使用乾冰做出來的效果，它具有保冷和視覺方面的功能。

白朗姆酒　20㎖
藍橙酒（Blue Curacao）　15㎖
鳳梨汁　40㎖
檸檬汁　10㎖
單糖漿　10㎖
鳳梨切片、檸檬切片、紅櫻桃　各1個

1. 將鳳梨挖成圓柱狀，並去掉檸檬切片的皮，然後把它們一起放入A碗。添加液態氮，徹底冷卻、凝固它們。

2. 將單糖漿、鳳梨汁、檸檬汁、藍橙酒放入B碗，用湯匙輕輕攪拌。加入液態氮凝固，用湯匙放入到圓柱狀內。

3. 將1的鳳梨和檸檬按照順序重疊在盤子上。然後把2盛在上面。接著再用雞尾酒棒把紅櫻桃串刺在一起。最後用乾冰和蘭科石斛（Cooktown Orchid）裝飾。

# Sous Vide

真空低溫烹調法

將水果或蔬菜等食材以及酒精等液體放入真空袋內，利用真空調理器製作的真空低溫調雞尾酒。Sous Vide是表示「真空下的」的法文。這是許多餐廳從以前開始長期使用，稱為真空調理的手法。後來這個技法也被酒吧應用在雞尾酒上，例如，許多調酒師創造出的新穎雞尾酒，是將利口酒浸漬到水果內部的"可食用型"雞尾酒。

它最大的特色，是能夠在短時間內讓液體深入到食材內部。它是將食材組織內既已存在的空氣全部去除，好讓液體能進入食材間的縫隙，再經由滲透壓效果，讓食材能在新鮮的狀態下應用於雞尾酒。如果食材是水果，果汁滲出、液體滲入果肉的相互交換效果也深具魅力。另外，如果以真空袋的狀態直接以水加熱，酒精將不會因此揮發，這是其他混合法所無法獲得的嶄新成果。當然，使用前必須要先分辨出哪些食材是容易浸漬的與哪些是不容易浸漬的，並且在使用完真空調理器後，觀察真空袋內的狀態再開封。立刻開封的話，浸漬作用將會在那個時間點停止，但真空調理結束後仍會因滲透壓和外部氣壓而使液體緩慢地滲透進去。蘋果或草莓等海綿質地的食材，如果完全滲透的話會呈現半透明的狀態，很容易分辨滲透情形，且滲透效果也顯而易見。相反的，葡萄或柳橙等水分集中的水果不易呈現出效果，因此，與其浸漬它們，不如專注在萃取出它們的菁華成分，反而會更有成效。

另外，真空調理器使用業務專用的產品較佳。假如使用的是吸力弱的家庭用產品或手持型的輕便廉價款式，食材將無法達到真正的真空狀態，頂多只能算是密閉狀態。即使果實和真空袋之間的空氣被抽了出來，卻似乎仍無法連食材組織內的空氣也一起抽出來。

# Tinton

汀頓

當卡巴度斯蘋果白蘭地（Calvados，亦稱「法國蘋果白蘭地」或「卡巴度斯蘋果酒」）滲入蘋果內部後，再以真空狀態加熱，會產生出新的和諧狀態。因為材料皆處於真空狀態，所以酒精能在不揮發的狀態下溶合，就算冷卻下來，酒精感仍會維持在原狀。而且，經過加熱的步驟後，蘋果的口感也會跟著轉變，呈現出柔軟的風味。徹底變身為蘋果、葡萄、香料融合為一的自然甘甜與天然香味結合的自然派雞尾酒。雖然在製作上比較費時，但它是能夠正確計算出份量×人數的雞尾酒。

卡巴度斯蘋果白蘭地 Calvados　35㎖
博爾特酒 Bolt Liquor　30㎖
蘋果　⅛個
薄荷　1片
棉花糖　適量
可食用花卉　微量

※酒類總量超過60㎖，是因為蘋果會吸收卡巴度斯蘋果白蘭地而減少之故。

將卡巴度斯蘋果白蘭地和切成方塊丁的蘋果一起放進真空袋內。真空袋需使用真空專用的尼龍塑膠袋商品。依據即將處理的材料選用耐熱性較佳的耐熱真空袋。水果類若是使用海綿質的食材，則真空調理的效果會非常明顯。以同時進行的方式，將熱水煮沸備用。

將真空袋放入真空調理器內烹調。隨著袋內的空氣被抽出，蘋果的汁液會滲出，而卡巴度斯蘋果白蘭地會滲入到蘋果內部。

以55℃的熱水加熱真空袋20分鐘。

讓3直接以真空袋的狀態用冰水冷卻，降低溫度。

將4的液體部分倒進雪克杯裡。

將4的蘋果穿刺成串，撒上粗糖（Cassonade），用瓦斯槍噴烤。

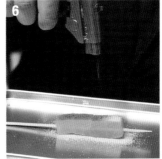

將博爾特酒倒進5的雪克杯裡一起搖晃，再倒進玻璃杯中。放上6的蘋果串。

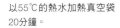

然後擺上比喻為和紙的棉花糖和可食用的花卉來當作裝飾。做法部分，首先，在和紙上攤開棉花糖，然後隨意地放上可食用花卉，接著，上面再擺放攤開的棉花糖。然後手上拿另一張和紙疊放上去，並一口氣把它壓成扁平狀。

# Sous Vide Sangria

真空低溫桑格利亞

利用真空調理，讓原本做工費時的培根火腿（Pancetta）和桑格莉亞（Sangria）都只需要30秒就能連芯都浸漬入味。這個技法最大的魅力，在於它能夠不喪失水果原本的新鮮感。而白葡萄酒也是選用淡木桶香味並帶有果實香的商品較佳。至於使用法式香橙酒Crème d'Abricot，是為了讓杏仁在搭配其他果實下也不至於太過突出，並能順利展現出果實香味之故。製作時，只要能讓葡萄酒燃燒沸騰到全部酒精都揮發掉，成為無酒精狀態，便可完成義式水果點心Macedonia。另外，水果和香料方面，可依照個人喜好調整。

白葡萄酒　60ml
君度橙酒 Cointreau　10ml
法式香橙酒 Crème d'Abricot　20ml
草莓、柳橙、奇異果、鳳梨、藍莓、覆盆子　適量（水果可依個人喜好調整）
肉桂、丁香、八角　適量

1. 切開水果。除了白葡萄酒以外的材料全都放入真空調理器內。
2. 將1的液體部分倒進雪克杯裡，果肉部分盛放到玻璃杯內。
3. 將白葡萄酒加進雪克杯裡一起搖晃，從果肉上方倒入玻璃杯內。
   （把奇異果心放在正中間）

# KAKI with BOWMORE

威士忌波摩浸甜柿

生蠔和威士忌波摩酒（Bowmore）調性相合是早已廣為人知的事，但這次不使用「牡蠣」，改由「柿子」搭配波摩酒。藉由洋酒與水果的相乘效果，波摩酒當中會滲出自然又高級的柿子甘甜味，而柿子內會帶有波摩酒的宜人口感，兩者交會後，昇華成豐富又飽滿的風味。另外，比起直接飲用，食用的方式更容易感覺酒精濃度強烈，所以在放進玻璃杯後可以以1比1的比例加水或加冰塊來調整濃度（即時尚新飲法 Twice Up）。另外，如果在使用真空調理器烹調時加水的話，柿子會變得爛爛糊糊的，建議加水補充的動作，最好在之後再進行更合適。

蘇格蘭威士忌波摩 Bowmore　45㎖
柿子　⅓個

1. 剝掉柿子皮，用冰淇淋挖勺挖出4～5個圓球形狀。
2. 將挖好的柿子球和波摩酒一起放入真空調理器烹調。
3. 將2放入玻璃杯內，再添加底盤等裝飾後即完成。

# Mojito Premix

預混莫吉托

為了供應品質穩定又美味的莫吉托（Mojito）而開發出這款酒譜。
透過真空低溫烹調法的交換功能，可以只萃取出薄荷的清爽香味，
其重點在於不要把材料長期放置在真空袋中以免出現腥臭味，以及
需要使用細篩網徹底過濾。薄荷的品種，選用在古巴使用的、香味
重的芳草（Yerba Buena）。另外，莫吉托會因薄荷的搗碎方式影響
香氣和味道的變化，必須格外注意。不過，只要學會了技巧，任何
人都能輕易調製出美味的莫吉托。

預混料 （750㎖瓶裝1瓶的量）
白朗姆酒　500㎖
金朗姆酒　200㎖
單糖漿　50㎖
芳草　7～8枝

1. 將白朗姆酒150㎖和芳草一起放入真空調理器烹調。
2. 放置10分鐘後，利用咖啡濾網等細的篩網過濾1。
3. 配合剩餘的材料，再放入冰箱內保存。

（調製莫吉托的步驟）
1. 將薄荷葉放入玻璃杯內後，將搾好的¼個萊姆也放進去。
2. 塞滿碎冰，然後倒入45㎖的莫吉托的預混料，並充分攪拌。
3. 接著再度添加碎冰，用蘇打增加口感。
4. 輕輕地混合攪拌後，放入吸管、萊姆切片、薄荷葉裝飾。

# Martini with
# Homemade Orange Bitters
自製柳橙苦味佐馬丁尼

苦味（苦酒、苦精）能夠調節與控制香氣感的提升。若要發揮出更
豐富多層次的香氣，則必須避免讓調製後的放置時間過長，這一點
非常重要。只要使用真空低溫烹調的方式，就能一點一點地少量調
製，可以做出更新鮮更接近完美的苦味。利用荳蔻和芫荽能創造出
清爽感，而丁香和多香果可帶出多層次的風味。

波蘭蒸餾伏特加生命之水 Spirytus　30㎖
礦泉水　30㎖
完整的整顆荳蔻　3粒
完整的整顆丁香　3粒
芫荽種子　6粒
多香果　2粒　或肉桂　½根
剝開成薄薄一片片的整顆柳橙　柳橙1個的量
糖分（蜂蜜或和三盆或單糖漿）　1又½tsp

1. 將輕輕搗碎的荳蔻、丁香、芫荽、多香果或肉桂、喜好的糖分、
   礦泉水放入小型的附手把湯鍋，煮到沸騰後關火。
2. 待1沒那麼燙之後，再用濾茶器過濾，然後把液體部分放入玻璃
   杯、香料部分放入真空袋。
3. 將整顆柳橙和波蘭蒸餾伏特加生命之水 Spirytus 加進真空袋內，
   用真空調理器烹調。
4. 讓成為真空狀態的真空袋靜置1～5分鐘。
5. 用濾茶器過濾4的液體，然後和2的液體一起放入苦味瓶內。

（調製馬丁尼的步驟）
將琴酒、乾苦艾酒、自製柳橙苦味倒入玻璃攪拌杯內攪拌，然後注
入到雞尾酒玻璃杯內，並裝飾插上橄欖的雞尾酒叉。

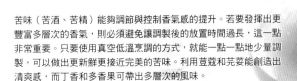
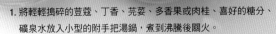

柳橙苦味當中使用了「龍膽草※譯注」作為苦
味成分，但這個成分在日本國內屬於「第三類
醫藥品」，因此本酒譜選擇割愛不記。
※譯注：龍膽草是黃龍膽（Gentiana lutea）的
根部及根莖部。

# Leonardo

李奧納多

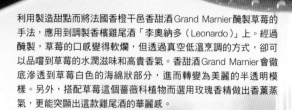

利用製造甜點而將法國香橙干邑香甜酒Grand Marnier醃製草莓的手法，應用到調製香檳雞尾酒「李奧納多（Leonardo）」上。經過醃製，草莓的口感變得軟爛，但透過真空低溫烹調的方式，卻可以品嘗到草莓的水潤滋味和高貴香氣。香甜酒Grand Marnier會微底滲透到草莓白色的海綿狀部分，進而轉變為美麗的半透明模樣。另外，搭配草莓這個薔薇科植物而選用玫瑰香精做出香薰蒸氣，更能突顯出這款雞尾酒的華麗感。

香檳　1杯（玻璃杯）
法國香橙干邑香甜酒Grand Marnier　15ml
草莓　3～4粒

1. 將切成愛心形狀的草莓和法國香橙干邑香甜酒Grand Marnier放入真空調理器烹調。
2. 將殘留在真空袋內的液體倒進飛碟形狀的香檳玻璃杯內，然後斟滿香檳。將草莓裝飾在盤子外緣處，也裝飾在玻璃杯中。
3. 將天然玫瑰香精和乾冰放入盤子的凹陷處，然後倒入溫水，做出香薰蒸氣。

# Danish Mary

丹麥瑪莉

滲入小番茄內部的瑞典烈酒 Akvavit（亦有人稱 Aquavit）在口中擴散，同時，也可以嚐得到「咻——」一般飛濺而來的多水滋味。丹麥瑪莉（Danish Mary），就是這樣的沙拉雞尾酒。它使用了帶有蒔蘿和葛縷子香氣的瑞典烈酒 Akvavit（Aalborg Dild），因為它強調蒔蘿的風味，所以更能感受到沙拉的清爽口感。利用鹽和胡椒調整口味，再使用金字塔鹽和胡椒果帶出高級感。另外，做成晶球狀的番茄無論是直接拿起來食用還是放入短腳玻璃杯（小）都非常合適。

瑞典烈酒 Akvavit（Aquavit） 45㎖
小番茄 適量
蒔蘿 1枝
水晶番茄汁（做成晶球狀） 適量
金字塔鹽 適量
胡椒果（Pepper Berry） 適量

1. 將熱水汆燙去皮的小番茄、蒔蘿、瑞典烈酒 Akvavit 放入真空調理器烹調。
2. 將液體部分倒入短腳玻璃杯（小）。然後將小番茄放入短腳玻璃杯（大），再擺上蒔蘿裝飾。
3. 將做成晶球狀的水晶番茄汁放進冰做的圓頂容器內，然後放到短腳玻璃杯（小）上方。擺上蒔蘿裝飾。
4. 將金字塔鹽和胡椒果裝在盤子上。

（水晶番茄汁〈晶球狀〉的材料）
水晶番茄果汁 200㎖
海藻酸鈉 2g

水 500㎖
氯化鈣 5g

1. 將熱水汆燙去皮的小番茄大略切一下，然後用果汁機打碎。
2. 將乾淨的棉布重疊，用類似擰乾的方式擠出透明的液體。（或是用咖啡過濾器處理，然後靜置在冰箱一晚，隔天只取出透明的液體。）
3. 將萃取出來的透明番茄汁和海藻酸用手動攪拌機混合。（注意避免結塊。）
4. 利用篩孔較小的圓錐形濾杯過濾後，放置冰箱約30分鐘。（為使細小氣泡消失，呈現完全透明的狀態。）
5. 將水和氯化鈣放入碗內充分溶解。
6. 利用針筒或滴管將4的魚子醬原液吸起來，滴到5裡面。
7. 滴入後約30秒，再移放到裝有水（份量外，適量）的碗內。

# Fig Compote Cocktail, Air of Tonka Beans

## 糖煮無花果雞尾酒佐空氣薰香豆

將紅葡萄酒、砂糖、檸檬切片等連同無花果一起燉煮,是一般常見的拼盤組合,但為了能當作搭配酒精的甜點享用,而將博爾特酒(Bolt Liquor)的甜味和辛辣帶到前面,做出了這道簡單的酒譜組合。這款雞尾酒可品嚐到無花果未加熱的新鮮感和葡萄酒的香味。且為了去除生無花果的腥臭味而採用了無花果利口酒和肉桂,最後還選擇和肉桂調性相合的黑香豆做成空氣泡沫的模樣裝飾。

博爾特酒　60㎖
無花果利口酒　20㎖
無花果　1個
肉桂粉　適量

1. 用瓦斯槍燒灼無花果的皮孔,剝除外皮後切開。除了無花果利口酒以外的材料全都放入真空調理器烹調。
2. 將1的液體部分和無花果利口酒一起倒入雪克杯,果肉則盛放到玻璃杯內。
3. 搖晃2,從果肉上方倒進玻璃杯中。
4. 以空氣薰香豆的泡沫裝飾。

(空氣薰香豆的調製材料)
礦泉水　200㎖
黑香豆　3粒
卵磷脂　4g

1. 將黑香豆放入礦泉水中,靜置1小時以上以萃取香氣。
2. 添加大豆卵磷脂徹底攪拌溶解。
3. 利用空氣幫浦打出泡沫。

# Midnight Savarin, Marron Spuma

午夜沙瓦林佐泡沫西洋栗

以成為無國界的餐後酒和點心為目的而製作的一道餐點。以"食用"酒精的方式取代飲酒，會使相同濃度的酒類更感覺濃烈，所以特別推薦給平常跳過點心直接飲用餐後酒的人品嚐。雖然它的外觀和口感都是點心的模樣，但是吃下一口，就會品嚐到奢侈的成熟香氣和獨特風味，這是因為其中放入了符合豐富華麗形象的頂級蘭姆酒 Ron Zacapa。

蜂蜜利口酒（BATEL） 30㎖
頂級蘭姆酒 23 年的 Ron Zacapa 20㎖
奶油蛋捲布莉歐 Brioche 1 個
季節泡沫

（季節泡沫）25 杯的量
篩網濾過的栗子末 500 g
鮮奶油 200㎖
栗子利口酒 45㎖
單糖漿 30㎖
凝膠 3 g

1. 將奶油蛋捲布莉歐放入容器※裡，從上方淋上蜂蜜利口酒、頂級蘭姆酒 Ron Zacapa。
2. 將放置在容器內的 1 連同容器一起放入真空調理器烹調（抽成真空之後，奶油蛋捲布莉歐會變成壓扁的狀態，但因為是放在容器內直接利用真空調理器烹調，所以從真空袋取出後只要用調酒勺等器具從下方調整一下形狀就會恢復原狀）。
3. 將 2 的烤碗盛在盤子上，然後以季節泡沫裝飾在旁邊，最後再擺上薄荷裝飾即完成。

※本次使用的是陶製烤碗。請避免使用纖細的玻璃製品、容易壓扁的塑膠杯或紙杯。

# Jelly Shot, Sous Vide Apple Pintxos

真空低溫烘培蘋果糕點

利用凝膠固定味道和顏色皆不同的利口酒，做成3層的果凍和真空烹調蘋果片的組合。可同時品嚐到在口中逐漸溶化、酒精擴散漫開的果凍，以及咬下瞬間有酒精飛濺而出的真空烹調蘋果片。使用苦艾酒，可以出色地反映出利口酒的層次，是給人強烈印象的一道雞尾酒點心。這是巴黎「雅典娜廣場（Plaza Athénée）」的首席調酒師傳授的酒譜，果凍的組合搭配也是直接重現當時的酒譜。

果凍（做法請參照右側）
苦艾酒　15㎖
蘋果切片（切成圓片）　6片

1. 將苦艾酒和蘋果切片放入真空調理器烹調。
2. 將1盛到盤子上。切開預先調製好的果凍，擺放在1的上方。
3. 將竹籤刺在蘋果切片上。

（果凍的材料）

A　白朗姆酒、利口酒Passoã、君度橙酒Cointreau　各130㎖
B　人頭馬 Rémy Martin、熱帶優格利口酒、綠蘋果利口酒　各130㎖
C　法國香橙干邑香甜酒Grand Marnier、貝禮詩甜酒Baileys、卡魯哇咖啡酒Kahlúa　各130㎖

對各130㎖的高純度蒸餾酒（烈酒）、利口酒（A、B、C）
砂糖　30g
粉狀凝膠　7.5g
水　45㎖
熱水　75㎖

（各A~C的步驟）

1. 將凝膠和水放入杯子裡，浸泡備用。
2. 加熱水，充分溶解凝膠。然後把砂糖加進凝膠溶液裡，讓它溶化。
3. 將一開始的利口酒倒進去，讓它流進包了保鮮膜的大圓盆（第1層）裡。
4. 放入冰箱冷卻凝固後，再用第2道利口酒重複執行1~2的步驟。然後同樣讓它流進3裡，做成第2層。接著放進冰箱冷卻。
5. 待第2層凝固後，第3道利口酒也照著同樣方式進行1~2的步驟。然後讓它流進4裡，做成第3層。一樣要放進冰箱冷卻凝固。（約90~120分鐘即可凝固）

※這道酒譜的果凍因為是利用酒精使凝膠固定，所以保存期間比較長。如果事先把果凍調製好，將會非常方便。另外，用水果利口酒先製作這種果凍，不僅可以當作搭配香檳的配酒甜點，夏季時還能當作冰凍雞尾酒（Frozen Cocktail）的裝飾喔！

# Aroma & Smoke

香薰 & 煙霧

## Aroma 香薰

使用香氛噴霧機（Aroma Diffuser）或香氛蒸汽機（Aroma Steam）來為雞尾酒製造出香氣的技法。

香氛噴霧機，是將香薰菁華或精油等萃取出高濃度香氣的液體浸入棉花內，再利用噴出的方式，讓它的香味附著在裝有雞尾酒的玻璃杯表面或周圍。使用廣泛的香氣進行調製，讓充滿獨創性的雞尾酒得以誕生。

香氛蒸汽機，在乾冰上垂下充滿香氣的液體，讓香氣搭乘在白色的煙霧上，除了香味以外更能透過乾冰帶來出色的演出效果。

不論是哪一種手法，在使用香薰時最大的要點，在於不消弭雞尾酒或水果等材料本身具備的香氣，而是要思考如何組合才能和它們搭配出最佳的相乘效果。因為香味不是能長時間留下的物質，所以希望能在突然嗅聞時留下一點香氣，讓品酒人能享受到雞尾酒本身在深處帶有的香味。可以使用薰了香氣的水果或棉花糖裝飾在玻璃杯上，只要將花朵或蝴蝶結綁在玻璃杯的調酒棒或杯腳上並薰上香氣，就會連外觀也跟著華麗起來了呢！

## Smoke 煙霧

使用煙霧機（Smoke Machine 或 Dry Ice Machine）或煙霧芯片（Smoke Chip）來為雞尾酒製造出燻香 的技法。這是把煙霧密封在雪克杯或醒酒器（Decanter，亦稱「滗酒器」）內，再將雞尾酒的材料注入其中調製，或是將裝在玻璃杯內的雞尾酒隨著各煙霧一起傾注到其他容器內，並封閉它們的調製手法。應該會對於能夠調製出以往不曾品嚐過、且帶有燻香味的雞尾酒而感到驚艷不已。

液體本身雖然有燻香味，但卻不是帶著某種香氣，而是能在入口時的味道上感受到煙霧，這就是煙霧雞尾酒的特徵。

芯片有核桃、櫻花、木桶、檜木等各式種類。依照芯片不同，煙霧和雞尾酒的相合程度會出現明顯變化，這一點非常有意思。

另外，如果對裝有威士忌的短腳玻璃杯燻染煙霧，則除了燻香以外，還會出現其他效果。例如，空氣中的煙霧在玻璃杯上留下燻香，但放置一段時間後，杯內的酒精濃烈刺激味會因此消失，進而轉變為圓潤的口感。

原本就屬口感圓潤的威士忌雖感覺不太需要用煙霧燻染，但基底使用酒精濃度偏高的或帶有獨特個性的酒類時，煙燻方式或許會有不錯的效果。

# Flower Aroma Champagne Cocktail

花香香檳雞尾酒

使用花朵精油讓適合派對等華麗情境的香檳雞尾酒被調製
地更美豔出色。本酒譜使用的香氣材料為花朵精油、柳橙
菁華、香草菁華。與香檳泡沫一同演出的石榴宛如寶石
般，只要一接近玻璃杯就能先聞到花香，然後才有柳橙和
香草的香氣飄過來。花香的材料部分，除了香水樹（ylang-
ylang）以外，茉莉花、薰衣草、洋甘菊等也都很契合。

香檳　適量
方糖　1個
玫瑰水　40㎖
柳橙菁華　2 dash
香草菁華　2 dash
花朵精油　2 drop（本次使用香水樹，可依個人喜好調整）
石榴　20粒

將玫瑰水和花朵精油（香水樹）倒入玻璃杯內，徹底浸濕棉花。棉花採用香氛噴霧機專用的棉球（棉棒）。

將棉花安裝到香氛噴霧機內。這時，請稍微啟動機器，確認噴霧機是否能確實釋出香氣，然後關掉備用。如果香味太淡，可再添加精油補充。

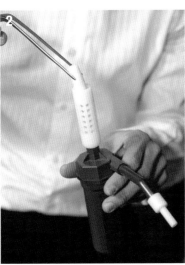

將可食用的柳橙菁華和香草菁華滴到方糖上，再放進香檳玻璃杯內。

將香檳倒入玻璃杯內。

放入20粒石榴。

用2的香氛噴霧機均勻地在玻璃杯內側和外側噴灑上香氛。因香氣容易擴散，所以玻璃杯的外側和內側都要噴上。外側的香氣是臉部靠近玻璃杯時可以感受到的，內側則是玻璃杯接觸嘴巴時能感受到的香味。

# Hendrick's Gin
# Rickey（**Mocktail**）

亨利爵士的琴利奇（無酒精雞尾酒）

以無酒精（Mocktail）的方式重新調製混合了小黃瓜和玫瑰花瓣菁華的獨特蘇格蘭亨利爵士琴酒（Hendrick's Gin）。將亨利爵士琴酒40㎖倒入熱傳導優異的銅杯加熱，藉以把酒精揮發掉。然後添加杜松糖漿和萊姆汁，經過急速冷凍後，再利用切好的小黃瓜和玫瑰（Bell Rose）裝飾。最後使用香氛噴霧機噴灑出亨利爵士琴酒內含有的保加利亞玫瑰香。

蘇格蘭亨利爵士琴酒（Hendrick's Gin） 40㎖
萊姆汁 20㎖
杜松糖漿（自製） 15㎖
蘇打 適量
萊姆 ½個
小黃瓜 ⅛個
美麗玫瑰（Bell Rose，玫瑰的一種） 3個

1. 將亨利爵士琴酒倒入銅製的杯子裡，開火使酒精揮發掉。
2. 火完全熄滅後再移入雪克杯，並倒入杜松糖漿和萊姆汁。
3. 放入少許液態氮，用調酒勺一邊攪拌一邊讓它冷卻。待液體呈現稍濃稠程度並冷卻下來後，倒進裝有冰塊的玻璃杯內。
4. 放入萊姆和小黃瓜切片後注滿蘇打，再輕輕攪拌。然後撒上玫瑰花瓣。
5. 將保加利亞玫瑰菁華安裝在香氛噴霧機上，往玻璃杯中央噴灑。

（杜松糖漿的材料）
砂糖 250 g
通寧水（tonic water） 250 g
杜松果 20 g
cubeb berry 5 g
歐洲合歡子（Meadowsweet） 5 g
橘皮 5 g
檸檬皮 5 g
芫荽種子 2粒（壓碎的）

1. 將砂糖和水放入鍋內，煮沸溶解砂糖。
2. 放入杜松果，以小火燉煮到出現香味為止。
3. 將其他材料全部放入鍋內。以小火燉煮約5分鐘後，關火蓋上蓋子。
4. 冷卻後，一邊過濾一邊倒入保存瓶，以冷藏方式保存。（如果能夠在3星期內使用完畢，也可以以常溫保存）

# Black Truffle & Apple comport Martini

## 黑松露 & 蘋果佐馬丁尼

搭配和黑松露調性相合的蘋果所調製出來的馬丁尼。將雞尾酒和香氛蒸汽機釋放出來的乾冰一起密封，讓交織著黑松露與蘋果香氛的夢幻白煙瀰漫在雞尾酒的四周。另外，這裡使用的是黑松露的伏特加浸漬液（Infusing Vodka），也可以將削好的黑松露加到蘋果配料裡一起添加到普通的伏特加中當作替代品※。與其使用新鮮蘋果，把蘋果做成搭配在裡面的食材，反而更能誘發其甘甜和深度。

※調製好搭配的材料後，削好黑松露放入一起燉煮約3分鐘後關火冷卻備用，如此，黑松露的香氣便能充分滲入蘋果內。

黑松露的伏特加浸漬液　40ml
蘋果醬汁（自製）　110ml
（在步驟1使用90ml，步驟2使用20ml）
檸檬汁　10ml
蔓越莓汁　10ml
烤蘋果配料（自製）　¼個
松露菁華　2dash

1. 將松露菁華倒入搭配的醬汁中加熱備用。
2. 將伏特加、蘋果醬汁、檸檬汁、蔓越莓汁、烤蘋果配料放入品脫玻璃杯，用搗碎棒充分攪拌。
3. 搖晃2，利用雙重過濾法傾注到雞尾酒玻璃杯內。然後放在玻璃櫃的台上。用削菜器削黑松露後撒在表面上。
4. 將碎乾冰放到3個銅製的短腳玻璃杯內，各杯分別倒入30ml的1，然後放在3的台上蓋上蓋子。

〈烤蘋果配料的材料〉
蘋果　2個
白葡萄酒　200ml
水　200ml
砂糖　50g
蜂蜜　50g
萊姆汁　20ml
石榴糖漿　10ml
肉桂棒　2根
香草豆　½根
肉桂粉　1g

1. 將蘋果切成8等分。在兩面撒上砂糖和肉桂粉，以烤箱250度烘烤20分鐘。
2. 將白葡萄酒和水倒入鍋子裡，以中火加熱使酒精揮發。
3. 將其他材料全部放入鍋中，以小火燉煮約10分鐘。
4. 待蘋果烤好後，一起放入3的鍋內，以小火燉煮約5分鐘。
5. 關火，冷卻後移放到保存用的大圓盆內放入冰箱保存。

# Grasshopper

## 綠色蚱蜢

以乾冰和液態氮為主軸的綠色蚱蜢（Grasshopper）為基底，再另外創造出來的創意雞尾酒。這個主題非常獨特，它是以咖啡粉做成土壤的模樣，然後在土壤上長出薄荷的地方擺著裝有綠色蚱蜢（以英文來說，是指 grasshopper，即蚱蜢、蝗蟲、蟲斯之意）的試管。咖啡粉傳來的香味令人陶醉，除此之外，撒在咖啡粉上面的香草菁華和苦巧克力菁華也與白煙一同飄散在整個玻璃杯。當然，也可以使用濾泡後的咖啡渣取代市售的咖啡粉。除了鮮奶油外，還會另外添加鮮奶，這是為了在使用液態氮時達到延展液體的效果。

綠薄荷利口酒　20㎖
白巧克力利口酒　20㎖
鮮奶油　20㎖
薄荷葉　4片
鮮奶　40㎖
咖啡粉　適量
苦巧克力菁華　6dash（在步驟3使用1dash，步驟4使用5dash）
香草菁華　5dash

1. 將咖啡粉放入長腳玻璃杯內備用。

2. 將薄荷放入瓶內，注入少許液態氮使它冷凍，再搗碎成粉末狀。

3. 將綠薄荷利口酒、白巧克力利口酒、鮮奶油、鮮奶、苦巧克力菁華放入2中，注入和液體同樣份量的液態氮，然後攪拌它，讓它變成冷凍狀態。

4. 將3放入試管，插入到1的中央。在咖啡粉上方選擇幾個位置放置搗碎的乾冰，再擺上薄荷葉裝飾。將香草菁華、苦巧克力菁華撒在咖啡粉上面，用滴管滴幾滴熱水在乾冰上，讓乾冰釋放出白煙即完成。

# Wine Grog

## 濃烈葡萄酒

以虹吸管製作過去以鍋子燉煮或直接在玻璃杯調製的濃烈葡萄酒（Wine Grog）。利用蒸氣和熱萃取出水果或藥草的香氣，再藉由浸入葡萄酒內來呈現出完美的一體感。因為製作費時，建議可事先將紅葡萄酒用微波爐加熱，或是用鍋子加熱，這樣可以加快調製的速度。另外，可依個人喜好選擇添加具有獨特香氣的八角。

紅葡萄酒　180㎖
生薑切片　4片
檸檬切片　2片
柳橙切片　1片
螺旋式柳橙皮　1片
咖啡豆　5粒
丁香　4粒
荳蔻果實　2粒
茴香葉　1片
方糖　4個
肉桂棒　1根
（八角）1粒　※可加可不加

1. 除了紅葡萄酒和肉桂棒以外，將其他材料放入虹吸管上方的圓球狀空間內。

2. 將紅葡萄酒放入虹吸管下方的圓球狀空間後開火。待葡萄酒溫熱後，葡萄酒會自行往上方的圓球空間移動，約3分鐘後關火。

3. 葡萄酒降到下方的圓球後，拆掉上方的圓球，將下方圓球內的葡萄酒注入到熱飲專用的玻璃杯。

4. 用丁香（或八角）的香氛菁華浸濕棉花，裝在香氛噴霧機上噴向3的玻璃杯（或是用廚房紙巾擰乾虹吸管上方的植物，搾出香濃的液體浸濕棉花，然後裝在香氛噴霧機內噴灑）。

5. 將插了丁香的螺旋狀柳橙皮擺放在4的玻璃杯內，再以肉桂棒和八角裝飾。

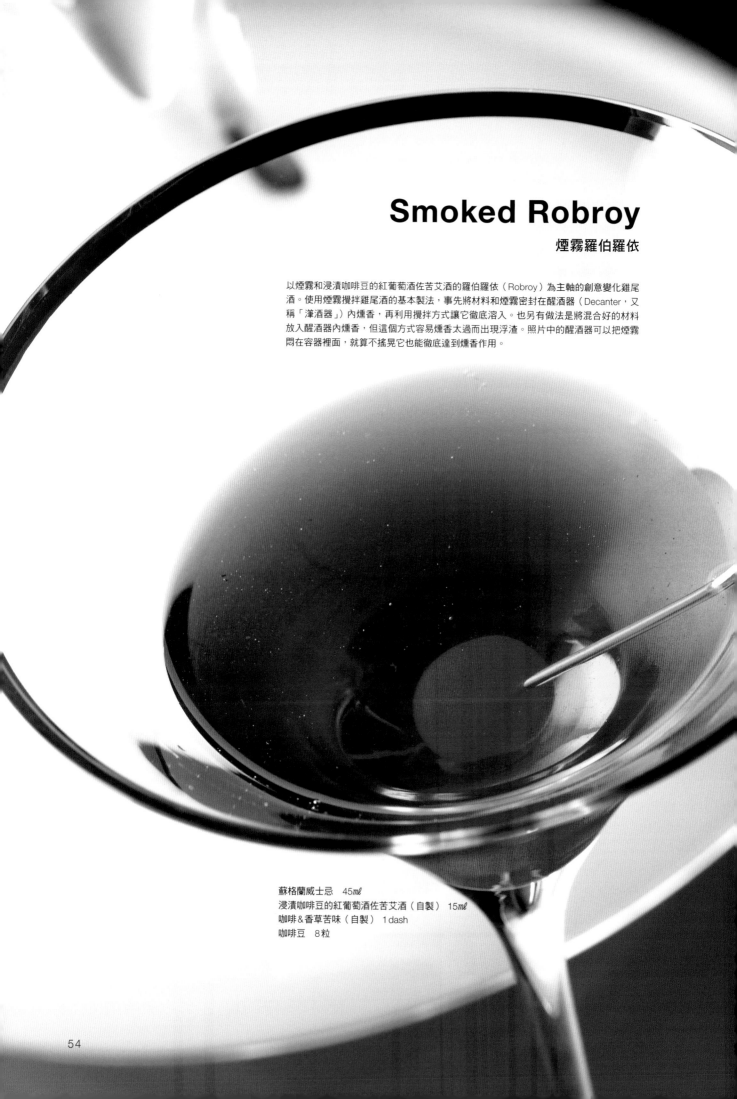

# Smoked Robroy

## 煙霧羅伯羅依

以煙霧和浸漬咖啡豆的紅葡萄酒佐苦艾酒的羅伯羅依（Robroy）為主軸的創意變化雞尾酒。使用煙霧攪拌雞尾酒的基本製法，事先將材料和煙霧密封在醒酒器（Decanter，又稱「潷酒器」）內燻香，再利用攪拌方式讓它徹底溶入。也另有做法是將混合好的材料放入醒酒器內燻香，但這個方式容易燻香太過而出現浮渣。照片中的醒酒器可以把煙霧悶在容器裡面，就算不搖晃它也能徹底達到燻香作用。

蘇格蘭威士忌　45㎖
浸漬咖啡豆的紅葡萄酒佐苦艾酒（自製）　15㎖
咖啡&香草苦味（自製）　1 dash
咖啡豆　8粒

將煙霧芯片（煙燻泥碳粉peat smoke power和木桶芯片 barrel chip）安裝在煙霧機上。煙霧芯片有櫻花、橡木、蘋果……等各種香味的，請依自己希望散發出的香氣選擇芯片。

輕輕搖晃，讓煙霧融合到液體內。由於醒酒器內已經充滿了煙霧，所以不需要過度搖晃。和接近球體狀的醒酒器相比，這種醒酒器只要輕柔地搖晃它，當中的液體和煙霧就能融合在一起。

在醒酒器內燻燒出煙霧，蓋上蓋子。如果是使用照片中醒酒器的形狀，則即使不蓋上蓋子，煙霧也幾乎不會飄散到外面去，但若是去準備其他事情而將醒酒器放置在旁時，則最好把蓋子蓋上。

將冰塊放入混合玻璃杯內，然後將**4**倒入玻璃杯攪拌。

將所有的材料放進去。紅葡萄酒佐苦艾酒，是已浸漬咖啡豆4天的自製調酒。

調製好後，倒進雞尾酒玻璃杯，再擺上酒釀櫻桃裝飾。

# Smokey Alexander

煙霧亞歷山大

奶油類的雞尾酒能夠很輕易地在上面擺放煙霧，成為非人工的天然煙燻風味。以往在鮮奶油等乳製品還未普及的時代時，是為了消除臭味才使用肉荳蔻，而現今仍有這樣的說法，不過，在雞尾酒亞歷山大（Alexander）上撒上肉荳蔻，並連肉荳蔻也一起燻上香味，卻能讓這道酒呈現出意想不到的一體感。把當作附屬品擺上的巧克力也燻上香味，能讓它和煙燻的肉荳蔻調性相合，使亞歷山大的甘甜口感更增添深度。

浸漬肉桂和香草的白蘭地（自製）　20㎖
香濃可可酒 CREAM DE CACAO　20㎖
鮮奶油　20㎖
肉荳蔻　適量
煙燻艾拉巧克力（自製）　4個
茴香葉　1片

1. 將肉荳蔻放在盤子上燻上煙霧，用玻璃蓋當作蓋子蓋上去，燻香備用。
2. 將白蘭地、香濃可可酒 CREAM DE CACAO、鮮奶油倒入雪克杯內，燻燒出煙霧。
3. 用過濾器和頂部當作蓋子蓋上，放置約1分鐘後輕輕搖晃。
4. 將冰塊放入雪克杯，搖晃各煙霧，再傾注到雞尾酒玻璃杯內。撒上少許煙燻後的肉荳蔻。
5. 將玻璃杯放置在托盤上，擺上4個巧克力後，再以煙燻後的肉荳蔻和茴香葉裝飾在側。

# Dirty Smokey Martini

濃霧馬丁尼

使用浸漬橄欖的醬汁，從其混濁狀態而得名的混濁馬丁尼（Dirty Martini）。以法國伏特加Cîroc取代傳統基調的琴酒，再添加柳橙苦味讓煙霧的口感更脫穎而出。本酒譜是拿伏特加做成煙霧，但因為伏特加具備容易吸收燻香的特質，所以最好不要讓它放置在醒酒器內太久。另外，香氛的氣味也會因芯片的性質而異，有些可能會導致化學口感，調製時請多注意。最後，將燻燒出煙霧的橄欖加以浸漬，並使用浸漬過橄欖的醬汁製作香氛，藉以調整酒的調性。之所以沒有做成Espuma的泡沫，是為了避免影響味道，並盡可能做出輕盈的口感。

法國伏特加Cîroc　50mℓ
乾苦艾酒　10mℓ
橄欖沾醬　1 tsp
柳橙苦味　1 dash

1. 在醒酒器內燻燒出煙霧，然後將全部的材料放進去。輕輕搖晃讓煙霧溶入材料中。
2. 將冰塊放入混合玻璃杯內，倒入1，並充分攪拌。
3. 調製後倒進雞尾酒玻璃杯，擺上橄欖裝飾。撒上檸檬皮。
4. 在3的液面放入香氛（空氣薰香豆的調製材料）。

〔香氛（空氣薰香豆的調製材料）材料〕
水　625 g
橄欖醬汁（浸漬橄欖的醬汁）　86 g
卵磷脂　2.25 g

將水和橄欖醬汁倒入大圓盆內，燻燒出煙霧後密封約3分鐘。放入卵磷脂用手動攪拌機打出泡沫製作香氛。

# Smoke Apple Martini

煙霧蘋果馬丁尼

這裡選擇了和燻香調性相合的蘋果，來介紹使用煙霧的水果雞尾酒的基本做法。雖然讓蘋果沾上煙霧很好，但為了製造出更整體的感覺，可以將搗碎的蘋果和液體一起在放進雪克杯內的狀態下直接淋上煙霧，然後以不放冰塊的乾式搖晃法（Dry Shake）搖晃，讓它沾上燻香後再接著搖晃一次。透過乾式搖晃法，能讓材料在混合的同時，也充分地溶入燻香。另外，密封煙霧的時間，能夠決定燻香的強弱。

浸漬烤蘋果的伏特加（自製） 45㎖
蘋果 ¼個
檸檬汁 15㎖
蘋果汁 20㎖
單糖漿 10㎖

1. 在切開的蘋果（份量外）表面淋上少許的橄欖油，烘烤蘋果的兩面後備用。
2. 將份量的蘋果放入瓶內，用搗碎棒徹底搗碎。放入伏特加、檸檬汁、蘋果汁、單糖漿。
3. 燻烤出煙霧後，用品脫玻璃杯當作蓋子蓋上。然後以乾式搖晃（不加冰塊的搖晃法）搖1分30秒。
4. 待液體沾上燻香後，放入冰塊再搖晃一次，隨後以雙重過濾法倒進雞尾酒玻璃杯內。
5. 將1裝飾在玻璃杯的邊緣。

# Salty Dog～Smokey Salt Espuma

～鹹狗～鹹味泡沫煙霧～

以燻烤出煙霧的泡沫取代添加到鹹狗（Salty Dog）的鹽。而且，這裡不只使用傳統調製法的伏特加，還另外添加威士忌（Talisker泰斯卡10年原酒單一純麥威士忌），如此一來，更能誘發出Espuma泡沫的煙霧。威士忌使用已用冰箱冷卻過的產品，可以抑制酒精感，讓品嚐的人感覺到甘甜味。此外，這裡使用的是泡沫鹽（Salt Espuma），也可以用燻烤過的藥草茶做成泡沫取代泡沫鹽，這種調製效果也會十分有趣。步驟 2 的黑鹽，是撒竹炭的天然鹽。

伏特加　20㎖
Talisker泰斯卡10年原酒單一純麥威士忌　10㎖
葡萄柚汁　60㎖
煙燻泡沫鹽　適量
黑鹽　適量

1. 將黑鹽的材料放入裝有冰塊的玻璃杯內輕輕攪拌。

2. 擺上煙燻泡沫鹽後，再撒一些黑鹽在上面。

3. 將 2 的玻璃杯擺放在附腳的玻璃托盤中央。然後在周圍排放碎乾冰，接著淋上用熱水溶化的泰斯卡Talisker。

（煙燻泡沫鹽的材料）
水　300 g
義大利產岩鹽　7 g
片狀凝膠　1 片

1. 將岩鹽溶入水中，再放入浸漬於水中浸泡的片狀凝膠，以隔水加熱的方式充分溶解它。

2. 待1冷卻後，燻烤出煙霧再密封約3分鐘備用。確認一下味道，若味道太淡，則再進行一次燻烤。

3. 放入虹吸式氣泡水機（Soda Siphon，或稱為「蘇打瓶」再注入碳酸氣體，冷卻12小時（要讓它呈現出質地柔滑的狀態，必須要徹底冷卻）。

# Bannockburn~Smoked le perles

### ～班諾克本～煙霧珍珠～

以混合威士忌、番茄汁、檸檬汁、辣醬油（Worcestershire sauce）的班諾克本（Bannockburn）為基底的創意雞尾酒。使用蔬菜凝膠將雞尾酒做成晶球狀，與煙霧一起密封在容器內。晶球外膜燻烤出鹽味的煙霧香，裡面包裹的內容物讓人感覺到威士忌Ardbeg的煙霧與水果番茄的甘甜。不使用氯化鈣而改用蔬菜凝膠，能讓各式各樣的味道附著在晶球外膜上，也能因此做出2階段的味道層次。

（晶球體的材料，份量5個）
Ardbeg 10 年　100㎖
水果番茄　3個
檸檬汁　25㎖
番茄汁　50㎖
鹽、黑胡椒　各少許
點心專用增黏劑　1g
砂糖　2tsp

1. 用手動攪拌器混合所有材料，過濾後做成果泥狀。確認濃稠狀態，如果濃稠感仍不足，則一點一點地添加少許的點心專用增黏劑，待濃稠狀態足夠後，直接放入冰箱冷卻3小時，讓它的空氣消失。

2. 將1製作好的半成品倒進模具裡，放入冰庫冷卻凝固（托盤以有機矽樹脂的產品或以此為基準的產品較佳。模具以半球狀的產品較佳）。

3. 確認到已完全凝固後，開始製作晶球外膜（果凍膜）。

（晶球外膜的材料）
水　450㎖
浸過燻香的鹽　20g
蔬菜凝膠　25g

1. 將水和鹽放入鍋內，密封煙霧後輕輕搖晃再靜置約3分鐘備用，之後開火煮沸。

2. 將蔬菜凝膠加到1裡，用手動攪拌器混合攪拌。

（班諾克本 Bannockburn 的步驟）

1. 將晶球外膜的溶液維持在70℃(一旦低於60℃就會凝固)，然後將冷凍凝固的雞尾酒半球體刺在針上，快速地讓半球體浸到溶液裡1次。

2. 接著將半球體放入冰箱保存。（剛做好時，中間的內容物還是冷凍狀態，以冷藏方式使它溶化）

3. 約3小時後取出，注意不要弄破外膜，用鍋鏟小心地把半球體鏟起來盛到盤子上，再撒上少許黑鹽。最後將盤子放在附腳的玻璃托盤中央，燻烤出煙霧並蓋上蓋子。

# Flavored Spirits

風味烈酒

水果、蔬菜、藥草、香料、堅果、奶油、點心等，使用從各種素材萃取出的香味成分所調製的風味烈酒（Flavored Spirits）。以絕對伏特加 Absolut Vodka 或芬蘭伏特加 Finlandia Vodka 等伏特加為中心，各烈酒製造商陸續推出獨創的風味烈酒。自1980年代起，產品如同逐漸獲得解放般，在以往製造過程添加香味的琴酒或伏特加內浸入茅香（Bison glass，又稱「野牛草」），藉此讓香味轉移的茅香伏特加 Bison Grass Vodka（或稱「野牛草伏特加 ubrówka」），應該也稱得上是風味烈酒吧。

這裡提及的風味，不是指飲用時的味道，而是指香氣。當然，包括品茗前感受到的香氣，根據材料組成，還能在品茗後感受到封鎖在喉頭的複雜香氣和味道。而且，它不是使用利口酒，而是透過風味烈酒和水果的混合，能更鮮活地展現出水果的風味。這種只有風味烈酒才可能帶來的新

感覺十分受到曯目，各製造商便因此積極地大量推出各種風味，來當作是調製前所未有雞尾酒味道的新素材。

風味烈酒的製法大多沒有公開，主要是利用浸漬香味成分到烈酒上的「轉移香味浸漬法」，以及浸漬香味成分到烈酒後再經過蒸餾的「蒸餾法」等方式。如同從香料公司取回無糖分、無色素的香味成分，藉以補足該製造商商標的純正烈酒。這是因為如果添加了糖分，在日本的標記就不會是「烈酒（Spirits）」，反而極可能是「利口酒（Liqueur）」（日本和規定嚴格的歐美不同，根據日本的酒稅法，利口酒的定義相當廣泛）。

以使用方式的重點來看，不同製造商在香味呈現的方式上也有所差異，因此可列舉出品茗後再區分，以及確認其和水果或利口酒的搭配屬性後再區分等。這是因為在思考酒譜時，必須得突顯風味香氣，同時也要顧及味道均衡之故。

# Mai-tini

熱帶雞尾酒「果汁甜酒mai tai」和「馬丁尼Martini」組合調製出的「Mai-tini」。使用帶有柳橙風味的朗姆酒PYRAT XO RESERVE，以及具熱帶風味辛辣口感的摩根船長Captain Morgan TATTOO這2種朗姆酒，可以在味道上帶來變化，不像標準的果汁甜酒那樣使用白朗姆酒。因為它是口感較烈的雞尾酒，多加一點柳橙汁會比較容易入口。

朗姆酒PYRAT XO RESERVE　　45㎖
法國香橙干邑香甜酒Grand Marnier　　10㎖
鳳梨　　⅛個
柳橙汁　　10㎖
檸檬汁　　5㎖
摩根船長Captain Morgan 紋身TATTOO（朗姆酒）　　10㎖
薄荷櫻桃、蘭科石斛　　各1個

將鳳梨放入品脫玻璃杯，用搗碎棒搗碎。

用波士頓雪克杯（Boston Shaker）搖晃。

倒入檸檬汁、柳橙汁、法國香橙干邑香甜酒Grand Marnier、PYRAT XO RESERVE。這裡為了突顯出柳橙風味，特別讓柳橙風味的朗姆酒搭配法國香橙干邑香甜酒GrandMarnier。這是風味烈酒強化風味的方式。

注入到裝有碎冰的雞尾酒玻璃杯內，再倒入摩根船長Captain Morgan TATTOO。像這樣加入不同風味的朗姆酒，可以製造出多層次的複雜口感。最後再擺上插著鳳梨的雞尾酒叉、薄荷櫻桃、蘭科石斛和吸管裝飾。

# Cucumber Mary

黃瓜瑪麗

變化血腥瑪麗（Bloody Mary）的創意雞尾酒。選擇和番茄調性相合的黃瓜風味伏特加（SQUARE ONE Cucumber Flavored Vodka）所調製的蔬菜雞尾酒。明明有使用番茄，成品卻沒有番茄的紅潤，這是因為當中使用的是透明的番茄菁華。必須不經過浸漬或研磨番茄的步驟，直接萃取出番茄當中的水分〔意即取出其透明液體（菁華）〕，才能做出這般透明的感覺。最後利用伏特加煙霧浸漬液和培根鹽進行調味。

黃瓜風味伏特加SQUARE ONE Cucumber Flavored Vodka　25㎖
伏特加煙霧浸漬液（自製）　20㎖
番茄菁華　適量（自製※）
培根鹽（自製）　適量
小番茄　適量

1. 在大玻璃杯的外緣上塗抹半圈的培根鹽，再放入冰塊。
2. 倒入SQUARE ONE Cucumber Flavored Vodka和番茄菁華並加以攪拌。
3. 擺上小番茄裝飾。

※番茄如果經由浸漬或摩擦會滲出紅色素，因此可在番茄上開一個孔，只萃取出番茄內的菁華（水分）即可。

# Japanese Moji-tini

日式莫吉托佐馬丁尼

莫吉托（Mojito）佐馬丁尼（Martini）所調製出的「Moji-tini」。使用野茶香味的伏特加（Absolut Wild Tea），再放入青紫蘇葉和柚子，日式風味的Moji-tini就完成了。放入比一般常見的莫吉托更少一點的綠薄荷，反而能因此突顯出青紫蘇葉的香氣，具有調味的效果。野茶釋出的丹寧酸澀味和柚子的清爽口感非常契合，最後還能利用抹茶粉讓整體更精緻。

絕對伏特加野茶 Absolut Wild Tea（伏特加） 45㎖
柚子汁 15㎖
綠薄荷 10片
青紫蘇葉 2片
粉糖、抹茶粉 各2tsp

1. 用手撕碎青紫蘇葉和綠薄荷後放入品脫玻璃杯內。然後倒入搾好也過濾好的柚子汁。

2. 用搗碎棒將1搗碎並攪拌，放入粉糖、抹茶粉、伏特加後充分搖晃。

3. 倒進雞尾酒玻璃杯內即完成。

# Between the Sheets

床笫之間

Kahlua Company 的「KUYA Fusion Rum」，是同時含有香料和柑橘風味等口感的烈酒。以 KUYA Fusion Rum 為基調，並以黃柑橘香甜酒 Orange Curacao 取代傳統的白橙皮香甜酒 White Curacao，可以調製出具多層次且口感更濃厚的床笫之間（Between the Sheets）。可利用卡巴度斯蘋果白蘭地 Calvados 取代傳統的白蘭地，讓朗姆酒的香氣更活絡。

KUYA Fusion Rum　20ml
卡巴度斯蘋果白蘭地 Calvados　20ml
法國香橙干邑香甜酒 Grand Marnier　20ml
檸檬汁　1 tsp

1. 將萊姆酒、卡巴度斯蘋果白蘭地 Calvados、法國香橙干邑香甜酒 Grand Marnier、檸檬汁倒入雪克杯搖晃。
2. 倒進雞尾酒玻璃杯內即完成。

# Ginger Lychee Caipiroska

薑汁・荔枝・卡比羅斯卡

以伏特加、萊姆、砂糖和碎冰調製而成，具清爽口感的「卡比羅斯卡（Caipiroska）」。為了不要太甜而將帶有纖細口感、香味極佳的荔枝加入其中，同時，使用薑汁風味的伏特加基底調味。萊姆若不做任何處理，可能飲用到最後都仍會保持著原狀，因此飲用前需要先將萊姆搗碎。這是夏威夷「哈利庫拉尼酒店（Halekulani Hotel）」內的酒吧「Lewers Lounge」酒單中的常備雞尾酒。

伏特加Skyy Infusions Ginger Vodka　45mℓ
萊姆　¼個
萊姆汁　10mℓ
荔枝　2個
粉糖　2 tsp

1. 將切開的萊姆和荔枝放入經典式酒杯內，用搗碎棒輕輕搗碎。
2. 加入萊姆汁、粉糖、碎冰、伏特加，用調酒勺混合攪拌。
3. 添加適量的碎冰後再用調酒勺混合攪拌，最後擺上攪拌棒即完成。

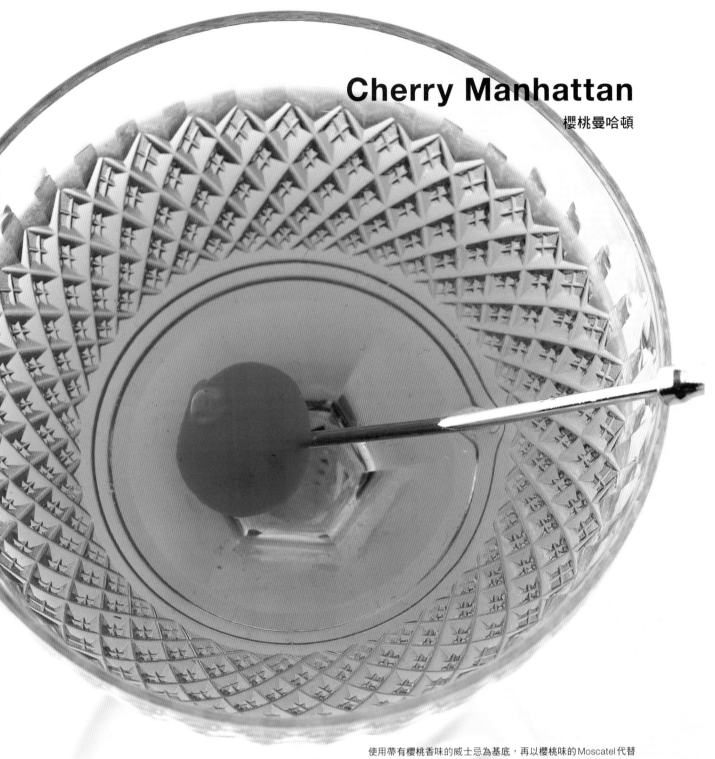

# Cherry Manhattan

櫻桃曼哈頓

使用帶有櫻桃香味的威士忌為基底，再以櫻桃味的Moscatel代替甜苦艾酒（Sweet Vermouth）的曼哈頓（Manhattan）。在海外，也有人使用雪利酒Pedro Ximénez調製，但為了稍微控制它的甜度，本酒譜決定使用Moscatel。由於基底的威士忌帶有櫻桃香味，能帶出更明顯的櫻桃口感。苦味則選擇不會太苦的Peychaud's Bitters產品。

威士忌Phillip's Union Cherry Flavored Whiskey　45㎖
Moscatel　15㎖
香氛雞尾酒苦味Peychaud's Bitters　2dash

1. 將苦味劑、威士忌、Moscatel倒入裝有冰塊的玻璃攪拌杯內攪拌。

2. 倒進雞尾酒玻璃杯後，擺上插了紅櫻桃的雞尾酒叉裝飾。最後再撒上檸檬皮即完成。

# Cotton Candy White Russian

白俄羅斯棉花糖

這是真的白俄羅斯（White Russian）嗎！？以濃縮咖啡香味的伏特加（Espresso flavored vodka）取代咖啡利口酒，調製出不是黑色的透明白俄羅斯。將濃縮咖啡香味的伏特加和高脂厚奶油（Heavy Cream）混合後打成奶泡，讓奶泡漂浮在棉花糖香味的伏特加（Cotton Candy flavored vodka）上，做出上下2層的創意雞尾酒。若能讓奶泡當中含有空氣以凝結成適當硬度，不僅能讓奶泡漂亮地漂浮在杯內，口感也會變得柔軟好入口。只要使用製作 Espuma 泡沫的給泡器就能輕鬆地打出奶泡，不過電動奶泡器也很好使用。

棉花糖香味的伏特加 Pinnacle Cotton Candy flavored vodka　40㎖
濃縮咖啡香味的伏特加 Seagram's Espresso flavored vodka　10㎖
高脂厚奶油　20㎖

1. 將高脂厚奶油放入玻璃杯內，再加入 Espresso flavored vodka，用電動奶泡器攪拌。

2. 在經典式酒杯內放入冰塊，加入 Cotton Candy flavored vodka，再讓1漂浮在上面。

# Strawberry Cake Cosmo

草莓‧蛋糕‧柯斯莫

歐美都是以柑橘香味製作柯夢波丹（Cosmopolitan）並以此為主流。不過，本酒譜以草莓作為基本酒譜中蔓越莓汁同系列的紅色代用品，搭配蛋糕香味的伏特加（Pinnacle Cake flavored vodka），調製成甜點般的柯夢波丹創意雞尾酒。因為保留了果肉的口感，加上大膽地不用濾茶器過濾，隨著時間，將能夠展現出更明顯的蛋糕香氣。

蛋糕香味的伏特加 Pinnacle Cake flavored vodka　40mℓ
君度橙酒 Cointreau　10mℓ
萊姆汁　10mℓ
草莓　4個

1. 將草莓（3個）放入品脫玻璃杯內，用搗碎棒搗碎。
2. 加入萊姆汁、君度橙酒、伏特加，然後搖晃。
3. 倒進雞尾酒玻璃杯內，擺上草莓（1個）裝飾。

# Mango Pineapple Chili Margarita

芒果·鳳梨·辣椒·瑪格麗特

使用風味烈酒調製，讓這款雞尾酒的香味雖是芒果，飲用時卻能品
嚐到鳳梨味，是能令人感到意外驚喜的雞尾酒。使用新鮮水果時，
如果準備了和水果不同香味的風味烈酒，可以創造出與從香味預測
口感時截然不同的味覺效果，讓品酒的人體驗到不可思議的驚奇之
感。相對的，若採用了和水果同香氣的風味烈酒，則能夠使整體感
更為出色。使用礦物質豐沛的夏威夷鹽，能帶出辣椒的辛香味。

龍舌蘭 Margaritaville Last Mango Tequila　30㎖
君度橙酒 Cointreau　15㎖
萊姆汁　15㎖
鳳梨　⅛個
辣椒粉　微量
夏威夷鹽　適量

1. 將夏威夷鹽抹在雞尾酒玻璃杯的外緣。
2. 將鳳梨放入品脫玻璃杯內，用搗碎棒搗碎，再放入萊姆汁、君度
   橙酒 Cointreau、龍舌蘭、辣椒粉後搖晃。
3. 倒進雞尾酒玻璃杯內即完成。

# Blue Iceberg

藍色冰山

在加了麝香葡萄的冰凍代基裡酒（Daiquiri，亦稱「德貴麗酒」）裡，擺上給泡器做出的藍色泡沫，創造出冰山一角的形象。這道雞尾酒平常會使用白橙皮香甜酒（White Curacao）調製，但這裡採用藍橙酒（Blue Curacao）來調製出藍色。百加得朗姆酒（Bacardi Arctic Grape）的香氣能令人想起北極的寒冷，再加上泡沫和冰凍的口感不同，可以品嚐到它們組合時的絕妙感覺。在葡萄柚清爽多汁的香氣中搭配新鮮的萊姆汁，能使香味的清爽感更加延伸，並且能鎖住味道。

百加得朗姆酒 Bacardi Arctic Grape　45㎖
萊姆汁　15㎖
單糖漿　1 tsp
麝香葡萄　4 粒
蛋白　2 個
藍橙酒糖漿　10㎖
萊姆切片　1 片

1. 將蛋白、藍橙酒糖漿放入 Espuma 泡沫給泡器。
2. 將去皮的麝香葡萄、萊姆汁、朗姆酒、單糖漿放入攪拌器。
　 加入冰塊攪拌，再倒進雞尾酒玻璃杯內。
3. 在 2 的上面擺放 1 的泡沫。再擺放萊姆切片和吸管。

# Throwing

拋接

拋接（Throwing），是與搖晃（Shake）、攪拌（Stir）、創建（Build）、混合（Blend）等技法相形之下，日本國內仍不太熟悉的技法。

這個技法，需要使用品脫玻璃杯（Pint Glass）、瓶（Tin）、玻璃攪拌杯（Mixing Glass）、銅製馬克杯當中的任2樣，一個放材料，另一個放冰塊並用過濾器隔著壓住，然後將裝有材料的那一個從稍高的位置往另一個杯中傾注，如此交互反覆傾注5次為基本。讓材料像瀑布一樣傾瀉到下面的容器，藉由這個方式，能讓液體內含有空氣並使揮發成分飛散出去（通風效果），具有誘發出材料香氣特徵的作用。加上引人注目的大動作，即使在稍遠的距離也會有香氣飄散過去，娛樂效果極高也是這個技法的特徵。

適用於拋接技法的雞尾酒，通常是材料比較容易混合，且一旦過涼，香味會封鎖住，或是可用創建技法調製的類型。至於拋接的次數，如果數量太少，呈現出來的香味會太淡，而且不會變成液態的水狀，酒精濃度也不會降下來。相反的，如果拋接次數過多，則雖然能帶出香味，但風味和酒精濃度都會揮發掉而變得水水的，因此需要配合雞尾酒的個性考慮拋接次數。

另外，拋接用的過濾器是無握把過濾器（沒有突出的握把），不過，也可以用普通的過濾器代替，使用時，將普通的過濾器斜斜地插放進去，再用手指壓住不讓它移動即可。

# Kir Floral

基爾花

改變白葡萄酒和黑醋栗利口酒 Crème de Cassis 所調製的雞尾酒
「基爾（Kir）」的創意雞尾酒。藉由逐量加入蜜桃利口酒和櫻花利
口酒，讓更勝原始基爾的華麗香氣得以擴散延伸。這是充分展現拋
接技法效果的一道酒譜，其通風效果使葡萄酒的酸味變得圓潤，成
為具備豐滿溫暖味道的一道雞尾酒。

白葡萄酒　120㎖
黑醋栗利口酒 Crème de Cassis　10㎖
蜜桃利口酒　5㎖
櫻花利口酒　5㎖

1. 將所有的材料放入品脫玻璃杯內，再將冰塊放入瓶內。並且要把無握把過濾器掛在瓶上。

2. 傾斜品脫玻璃杯，把品脫玻璃杯內裝有的材料移到瓶內。使用器具除了品脫玻璃杯和瓶子外，也可以使用玻璃攪拌杯或搖杯的杯身來進行拋接。組合完全能自由決定。

3. 以品脫玻璃杯和瓶子進行拋接。一開始先讓品脫玻璃杯和瓶子的傾注口接觸，然後慢慢地把瓶子舉到較高的位置，接著把材料傾注到品脫玻璃杯內。特別是使用草本植物（藥草）等固態物時，一旦碰觸到固態物，水流會出現微妙的變化，容易造成目測錯誤，需要慎重行事。傾倒結束後，再反覆地交互執行2、3步驟約5次。

4. 材料冷卻後，倒進玻璃杯內。

5. 如果是使用火的拋接技法，容器需使用有握把的銅製馬克杯，並戴上手套以預防萬一。拿著馬克杯時應像照片一樣，不是以橫向握住把手，而是注意要握在靠近自己的位置，以免有燙傷危險。另外，點火時不要使用火柴或打火機，使用渦輪燃燒器（turbo burner）比較合適。

# Herbal Salty Dog

藥草鹹狗

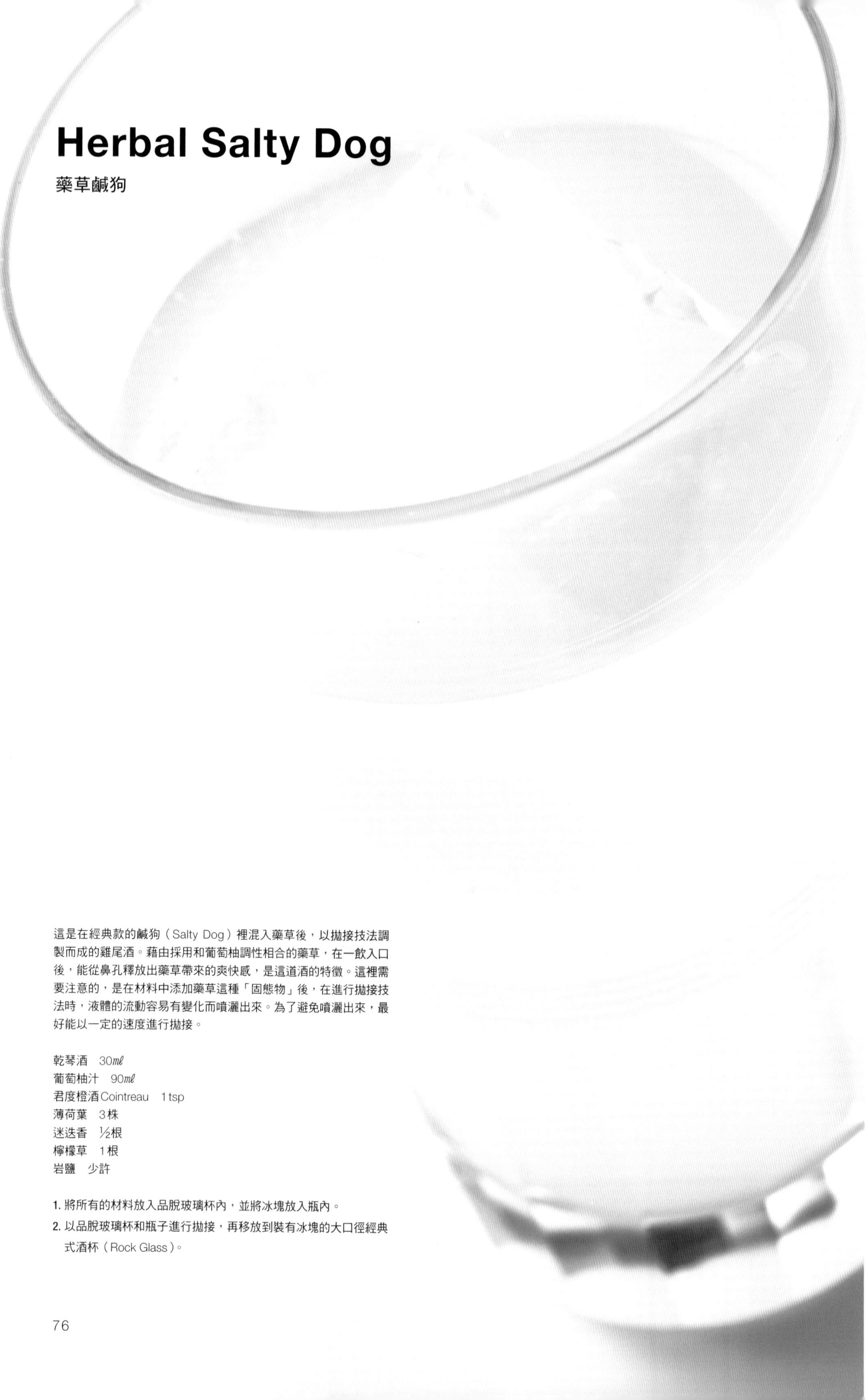

這是在經典款的鹹狗（Salty Dog）裡混入藥草後，以拋接技法調製而成的雞尾酒。藉由採用和葡萄柚調性相合的藥草，在一飲入口後，能從鼻孔釋放出藥草帶來的爽快感，是這道酒的特徵。這裡需要注意的，是在材料中添加藥草這種「固態物」後，在進行拋接技法時，液體的流動容易有變化而噴灑出來。為了避免噴灑出來，最好能以一定的速度進行拋接。

乾琴酒　30㎖
葡萄柚汁　90㎖
君度橙酒Cointreau　1 tsp
薄荷葉　3株
迷迭香　½根
檸檬草　1根
岩鹽　少許

1. 將所有的材料放入品脫玻璃杯內，並將冰塊放入瓶內。
2. 以品脫玻璃杯和瓶子進行拋接，再移放到裝有冰塊的大口徑經典式酒杯（Rock Glass）。

# Laphty Nail

拉弗釘子

以蘇格蘭威士忌和以其為主調的蜂蜜香甜酒Drambuie攪拌而成的雞尾酒「鏽釘子（Rusty Nail）」為基調，並使用拉弗格10年單一純麥威士忌Laphroaig，因此命名為「拉弗釘子（Laphty Nail）」。使用威士忌Islay Malt，並利用拋接技法來讓人享受其美妙的香氣。由於乾琴酒的糖度較高，加入後會往下沉澱，所以最後要從下方輕輕舀起冰塊般稍微攪拌一下。作為威士忌的時尚新飲法，除了Half Rock和Twice Up等方式外，若再加上拋接技法的方式，應該會更有趣。它能揮發酒精濃度較高的威士忌的酒精，並使空氣與調製的液體結合，讓雞尾酒入口時能變得圓潤順口。

拉弗格10年單一純麥威士忌Laphroaig　45㎖
乾琴酒　15㎖

1. 將拉弗格Laphroaig倒入品脫玻璃杯內，並將冰塊放入瓶內。
2. 以品脫玻璃杯和瓶子進行拋接，再傾注到裝有冰塊的經典式酒杯（Rock Glass）內。
3. 將乾琴酒加進 **2** 裡，輕輕攪拌。

# Blue Blazer

藍色火焰

被命名為藍色火焰（Blue Blazer）的雞尾酒，是1849年由
Jeremiah（Jerry）P. Thomas思索出來的。後來，從藍色火焰發展
出花式調酒Flair Bartending，是拋接技法（即火焰拋接法「Blazer
Style」）的代表雞尾酒。藍白交熾如瀑布落下的模樣，能在昏暗的
店內帶來極大的演出效果。杯子如果是放在熱水中溫熱，則必須用
毛巾完全擦拭到滴水不殘留的狀態才使用。最後傾注到玻璃杯時，
若2個杯子同時注入，火焰會變得極大，能帶來驚人的演出效果。
至於檸檬汁和蜂蜜，可依個人喜好選擇是否添加。

威士忌　60ml
熱水　適量
檸檬汁　15ml
蜂蜜　10ml

1. 將熱水、檸檬汁、蜂蜜傾注到耐熱用的熱飲用的玻璃杯。（為讓威士
　 忌和杯子容易過火，請預先加熱備用）
2. 用燃燒器點火溫熱裝有威士忌的杯子。
3. 再與另一個空的杯子進行拋接。
4. 傾注到1的玻璃杯內。

# Bond Girl

龐德女郎

以出現在007系列「007首部曲：皇家夜總會」（Casino Royale）的薇絲朋馬丁尼（Vesper Martini）為基調的創意雞尾酒。它原本是琴酒、伏特加、Kina Lillet以搖晃技法調製的雞尾酒。在甘甜美味近乎成品的雞尾酒上使用莓果和玫瑰，再以拋接技法在空氣中創造出如花開般的香氛氣息。粉紅胡椒是溫和的辛香料，非常適合使用於葡萄酒的雞尾酒。另外，因Kina Lillet酒取得不易，故多以Lillet Blanc作其替代品，不過，本次為呈現整體的形象，選擇使用Sherry（雪利酒）和Framboise（黑櫻桃或覆盆子風味的酒）創造出極具女人味的風格。

乾琴酒　30㎖
黑莓伏特加 Blackberry Vodka　10㎖
乾雪利酒　10㎖
黑醋栗利口酒 Crème de Cassis　10㎖
玫瑰花瓣　1小搓
粉紅胡椒　少許

1. 將粉紅胡椒粗略搗碎，和玫瑰花瓣搭配備用。

2. 將1以外的其他材料都放入品脫玻璃杯內，並將冰塊放入瓶內。

3. 以品脫玻璃杯和瓶子進行拋接，再傾注到雞尾酒玻璃杯內。

4. 從上方將1撒下。

# Homemade Syrup
自製糖漿

# Homemade Bitters
自製苦味

## 自製糖漿

如果提到調製雞尾酒時最常使用的糖漿，則莫過於單糖漿（Simple Syrup）和石榴糖漿（Grenadine Syrup）這2種了。另一方面，專門為咖啡店或餐廳導向，調製出非常豐富多口味的調味糖漿（Flavored Syrup），其受歡迎程度也值得一提。

現在，市面上雖然已販售著各式各樣的糖漿，但自製糖漿的調酒師仍增加不少。理由非常廣泛，包括：只有少數情形需要、想做出獨創又特別的調酒時、不想添加香料或其他添加物時、想使用有機的材料（當然，也有市售的有機糖漿）等。尤其是，要是能夠自製糖漿，就能利用這前所未有的香味，依個人喜好自由地掌控其濃度強弱。這一點可說是市售成品無法達到的優點。

本次將重點擺在使用花朵的花釀糖漿（Flower Syrup），介紹自製糖漿的做法。其他草本植物（藥草）、辛香料、水果的糖漿也幾乎是相同的製作方式，而且比較容易製作，應該也能輕易嘗試。

不過，因為沒有放入香料，也可能因此會有沒出現預期特性或保存期限較短等困難點。原則上，保存時必須避開高溫，放置在涼爽的場所即可。糖度較高的能夠保存比較久，但是一冷卻會很容易結晶，最好每次調製的量不要太多，並儘早使用完畢。

## 自製苦味

把帶有苦味成分的草本植物（藥草）、辛香料、果皮等浸漬到烈酒裡，萃取出菁華後做出芳香苦味。苦味較強的利口酒中，以苦味劑（Angostura bitters）較出名。只需要滴入幾滴，就能為雞尾酒添上風味或顏色，所以歐美地區的調酒師們會自製苦味，調製出個人喜好的味道，這種在雞尾酒上添加原創風味的手法廣泛流傳開來。苦味劑雖然是以朗姆酒為基底，不過，使用個人喜好的烈酒添加苦味成分的某些物質，即可調製出獨特的創意苦味。

調製方式著重兩方面：「浸漬入味法」雖然比較耗時，但是可以一邊嚐味道一邊看準時機取出材料。「燉煮入味法」雖然可以縮短調製時間，但經過加熱步驟，可能會出現比想像中更強的苦味或甜味。使用的烈酒酒精濃度越高，所需的浸漬時間越短，適用於萃取固態果實或樹果等香氣，也具有保存效用。

一般來說，調製加糖雞尾酒時使用的利口酒、果汁、糖漿、通寧水等甜味，也可以在調製完成後再以補充的方式添加。但這次介紹的做法中完全不加糖，各雞尾酒所使用的，是各式各樣的自製苦味（苦酒、苦精），請參考這些苦味的基本做法，發揮巧思調製。

# 自製糖漿

在個人喜好的材料中添加礦泉水和砂糖是糖漿的基本做法。待材料完全溶解後，確認味道與濃稠狀態，然後以常溫或冷藏的方式保存。糖度請在考慮味道和保存方式後自行調整。因藥草（花朵）具有各種效能，需記載在各雞尾酒的說明書內。

個人喜好的藥草（花朵） 50 g
（這是指乾燥類型。
若是新鮮藥草，需要倍數的量。）
砂糖 250 g
水 500 cc
檸檬汁 1 大匙（為保存需要。可用檸檬酸代用

1.2. 用鍋子煮沸熱水後，關火放入喜好的藥草（花朵），蓋上蓋子蒸2～3分鐘。

3.4. 用濾茶器過濾後移到其他容器，然後再次開火，燉煮到液體剩下一半為止。

5.6. 放入砂糖，混合攪拌到全部溶化，再倒入檸檬汁。

# Jack Rose

傑克玫瑰

不使用石榴糖漿，改用石榴汁和
玫瑰糖漿調製傑克玫瑰（Jack
Rose）。它原本是不含玫瑰成分的
雞尾酒，但以糖漿方式添加進
去，能使成品釋放出更漂亮又華
麗的香氣。玫瑰本身具有美肌、
防止虛寒、調整賀爾蒙等功效。

卡巴度斯蘋果酒Calvados　30㎖
石榴汁　20㎖
萊姆汁　10㎖
玫瑰糖漿　10㎖

1. 將全部的材料放入雪克杯搖晃。
2. 傾注到雞尾酒玻璃杯內。

# Grape Martini

葡萄柚馬丁尼

葡萄柚搭配茉莉花的組合，是明明沒有在任何步驟使用葡萄柚，卻能從香味到口味都令人感覺到葡萄柚味的不可思議的葡萄柚馬丁尼（Grape Martini）。經常在中式餐廳端上桌的茉莉花茶，除了能讓口中的油膩感變得清爽外，還具有抗憂鬱的作用與消除壓力等效果。

伏特加　45㎖
葡萄柚　½個
茉莉花糖漿　30㎖
檸檬汁　1 tsp

1. 將切開的葡萄柚放入品脫玻璃杯內，用搗碎棒搗碎。
2. 添加茉莉花糖漿輕輕攪拌。
3. 倒入檸檬汁和伏特加一起搖晃，然後倒入雞尾酒玻璃杯內。

# Blue Moon

藍月

由香菫菜（Sweet Violet）和柑橘類的花朵、果皮製成的紫羅蘭利口酒（Violet Liqueur），被評鑑為如同可飲用的香水般，具有豔麗又獨特的香氣。添加標準酒譜中沒有的薰衣草糖漿，調製出沉穩又高級的藍月（Blue Moon）。香菫菜有緩和喉嚨痛或口腔炎的作用，薰衣草則有鎮痛、促進消化、安眠等功效。

琴酒　30$m\ell$
紫羅蘭利口酒　15$m\ell$
檸檬汁　15$m\ell$
薰衣草糖漿　10$m\ell$

1. 將全部的材料放入雪克杯搖晃。
2. 傾注到雞尾酒玻璃杯內。

# Silent Third

沉默的第三者

以接骨木花糖漿（Elderflower Syrup）取代白橙皮香甜酒
（White Curacao）的沉默的第三者（Silent Third）。這是一道
使用蘇格蘭威士忌的雞尾酒，和接骨木花一同與英國有所緣
由。接骨木花有麝香葡萄般既甘甜又溫和的香氣，因為它有
各式各樣的功能，因此也被稱為「萬能藥箱」。

蘇格蘭威士忌　30㎖
接骨木花糖漿　20㎖
檸檬汁　10㎖

1. 將全部的材料放入雪克杯搖晃。
2. 傾注到雞尾酒玻璃杯內。

# Beer Flavor Cocktail

啤酒風味雞尾酒

把啤酒原料蛇麻（Humulus lupulus，俗稱Hop，又稱麥酒或啤酒花）做成糖漿，再與伏特加混合的啤酒風味雞尾酒（Beer Flavor Cocktail）。因為裡面有檸檬汁，所以也宛如混合了啤酒與檸檬風味的碳酸飲料——雞尾酒「Panaché」。把熱水倒進蛇麻裡浸漬以釋出蛇麻的成分來做成藥草茶，若以此取代酒譜中的伏特加加入其中，則可調製出無酒精的啤酒風味雞尾酒。蛇麻具有減輕花粉症和預防肥胖的效果。

伏特加　30㎖
檸檬汁　10㎖
蛇麻草糖漿（Hop Syrup）　20㎖
蛋白　1個的量
蘇打　適量

1. 將蘇打以外的材料放入雪克杯搖晃。
2. 將1傾注到高腳杯內，再斟滿蘇打。輕輕攪拌後放入冰塊。

# 自製
# 芳香苦味

使用的波蘭蒸餾伏特加生命之水Spirytus，其酒精濃度高，加熱時火焰往上竄升相當危險，因此以鍋具燉煮時需注意避免搖晃。盡量如酒譜般，選擇咖啡虹吸管的長頸瓶等能固定的器具為佳。移到瓶子後，如果柑橘香氣已強烈地釋放出來，可從瓶中取出柑橘皮（浸漬結束改以進行保存時，需取出所有的材料）。歐亞甘草（Licorice）是其甜味成分。

波蘭蒸餾伏特加生命之水Spirytus　150㎖
水（軟水的礦泉水）　100㎖
柳橙皮　½個
萊姆皮　¼個
檸檬皮　¼個
肉桂棒　2根
芫荽　8個
荳蔻（壓碎的）　6個
當歸　1又½tsp
歐亞甘草　1又½tsp
接骨木花　1又½tsp
蒲公英　1tsp

1. 道具使用咖啡虹吸管。將水以外的材料都放入長頸瓶裡面。

2. 倒入波蘭蒸餾伏特加生命之水Spirytus。不使用裝在虹吸管上面的漏斗部分。

3. 將酒精燈點火。

4. 沸騰後靜待幾分鐘再把火關掉，等餘熱冷卻後再加水。移到瓶內稍微浸漬一下（觀察浸漬狀態，浸漬約3天）。以水稀釋浸漬後的半成品即可使用。

苦味成分：各種柑橘皮（柳橙、萊姆、檸檬）、當歸、歐亞甘草、蒲公英

# 自製
# 橘香苦味

讓肉桂和葛縷子的浸漬時間拉長，因此一開始先不要放
入容易浸漬入味的柑橘皮。藉由放入香氣釋放方式迥異
的新鮮柑橘皮和乾燥柑橘皮，讓整體呈現出有深度又帶
複雜感的風味（將乾燥的柑橘皮鋪在攤開的鋁箔上用烤
箱烘烤，然後直接放著幾小時即可完成）。沒有加糖，讓
肉桂的甘甜充分釋放出來。

1. 將所有的材料（包括100㎖的水）移到瓶子裡浸漬。
2. 浸漬約3天並隨時觀察浸漬狀態。拿出柑橘皮後再靜置約3天，最後倒入100
   ㎖的水調整酒精濃度。最後的加水讓酒精濃度達到約40度。

苦味成分：各種柑橘皮〔柳橙（新鮮的、乾燥的）、檸檬〕

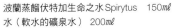

波蘭蒸餾伏特加生命之水 Spirytus　150㎖
水（軟水的礦泉水）　200㎖
柳橙皮（新鮮的）　1個
柳橙皮（乾燥的）　¼個
檸檬皮（乾燥的）　¼個
荳蔻（壓碎的）　2個
丁香　4個
葛縷子　2tsp
肉桂棒　2根

# Fine & Dandy

絕妙尤物

絕妙尤物（Fine & Dandy），是在琴酒基調的雞尾酒
「雪白佳人（White Lady）」中滴入自製芳香苦味的
特調雞尾酒。通常只使用數滴的苦味這次甚至滴進
達5㎖，不過，口感卻不會因此感覺苦，反而有溫
和的風味，成為以苦味為主調的新穎雞尾酒。這是
因為自製的芳香苦味在調製時能做得比市售成品更
溫和，大量使用苦味也能使顏色改變。自製品的味
道均勻與否比較難以拿捏，想要哪種元素、希望先
呈現出何種效果，或許與市售成品比較後就能發現
自己想調製的模樣喔。

琴酒　30㎖
檸檬汁　15㎖
白橙皮香甜酒　10㎖
自製芳香苦味　5㎖

1. 將全部的材料放入雪克杯搖晃。
2. 傾注到雞尾酒玻璃杯內。

# Valencia

瓦倫西亞

以杏仁白蘭地（Apricot Brandy）為基調，再以柳橙汁和柳橙苦
味所調製的瓦倫西亞（Valencia）。減少杏仁白蘭地再添加伏特
加，並使用未加糖的柳橙苦味，調製出控制甜度的雞尾酒。用來
調味的丁香味道濃郁，能夠誘發出杏仁和柳橙的甜味。

伏特加　20㎖
杏仁白蘭地　20㎖
柳橙汁　20㎖
柳橙苦味（自製）5tsp
丁香苦味（自製）½dash
螺旋式柳橙皮　1片
丁香　2粒

1. 將伏特加、杏仁白蘭地、柳橙汁、柳橙苦味放入雪克杯搖晃。
2. 傾注到雞尾酒玻璃杯內，再讓丁香苦味漂浮在上面。
3. 在螺旋式柳橙皮上插入丁香，擺在雞尾酒上裝飾。

瓦倫西亞

# Spumoni

史普摩尼（泡泡）

在使用帶有獨特苦味和甜味的金巴利酒，和葡萄柚汁與通寧水調製
的史普摩尼（Spumoni）裡，添加3種苦味。標準酒譜裡雖然沒有
添加苦味，但也有些調酒師在調製時會滴入一些市售的香氣苦味。
苦橙和葛縷子原本就是金巴利酒內含的要素，再額外添加這些材料
能達到強調苦味的效果，之後再使用甜椒調味。一開始先噴灑甜椒
苦味，是為了要涮洗玻璃杯好讓香味附著在上，因而使用容易突顯
香味的葡萄酒酒杯。另外，雖為了突顯香味而沒有放入冰塊，但為
避免溫度立刻上升，需稍微進行一下長時間的拋接。

金巴利酒　20㎖
葡萄柚汁　30㎖
柳橙苦味（自製）　2 tsp
葛縷子苦味（自製）　1 tsp
甜椒苦味（自製）　適量
通寧水　適量
蘇打　適量

1. 噴灑甜椒苦味到葡萄酒酒杯裡。

2. 將金巴利酒、柳橙苦味、葛縷子苦味、葡萄柚汁倒入品脫玻璃杯
　 內，和瓶子進行拋接。

3. 將2傾注到1裡。添加通寧水和蘇打稍微攪拌即完成。

# Old Fashioned

古典酒

古典酒（Old Fashioned），是將香氛苦味灑在放置於經典式酒杯裡
的方糖上，且能同時品嚐到威士忌與柳橙等水果的雞尾酒。用攪拌
棒將方糖和水果搗碎的同時，將其調整成個人喜愛的味道，並透過
自製的固態糖漿，讓味道變化更加清晰明顯。利用荳蔻苦味漂浮在
上的方式調味，雖然一開始會感覺到強烈的苦味，但慢慢地，和威
士忌調性相合的咖啡與巧克力會發揮效用使整體變得溫和，最後能
感覺到混合了柳橙的甘甜滋味。使用碎冰會使香味不易散發出來，
所以不以創建方式調製，而以拋接方式製作。

黑麥威士忌（Rye Whiskey）或波本威士忌（Bourbon Whiskey）
45ml
咖啡苦味（自製） 5tsp
巧克力苦味（自製） 3tsp
荳蔻苦味（自製） 1tsp
柳橙 ⅛個
固態糖漿（自製） 1個※

1. 將柳橙細切後放入經典式酒杯（Old-Fashioned Glass 或 Rock
   Glass），用搗碎棒搗碎。
2. 將威士忌、咖啡苦味、巧克力苦味放入品脫玻璃杯內，和瓶子進
   行拋接。
3. 將碎冰放進1內，再將2傾注其中，然後讓荳蔻苦味漂浮在上
   面。最後放入方糖即完成。

※在糖漿內放入肉桂後加水冷凍的成品。

# Moscow Mule

莫斯科騾子

許多酒吧有提供變化版的莫斯科騾子（Moscow Mule）。這是在莫斯科騾子裡添加浸漬生薑的自製伏特加浸漬液或薑味較淡的自製薑汁汽水所調製出來的雞尾酒。正因為它是極受歡迎的雞尾酒，所以有各種不同做法，而且每種做法都能令人感受到它的堅持與獨特個性。在使用口感辛辣的薑汁汽水時，為了讓日式苦味發揮出淋漓盡致的風味，會刻意做成和蘇打結合的類型。另外，生薑和肉桂的味道契合，若能放入加強肉桂風味的柳橙苦味或使用萊姆皮的苦味、生薑苦味等，也一定會非常有趣。

伏特加　30㎖
酢橘（Citrus sudachi）　2又½個
薑味較淡的薑汁汽水（Ginger Ale）　適量
蘇打　適量
日式和風苦味（自製）　2tsp
竹皮　1片

1. 搾2個切開的酢橘，然後直接放入杯中。
2. 添加伏特加後搗碎，再倒進大玻璃杯裡（因為酸味和苦味會變強，酢橘1個和種子除外）。
3. 將冰塊放入2裡，添加薑味較淡的薑汁汽水、蘇打、日式和風苦味，再稍微攪拌。
4. 擺上竹皮和酢橘（½個）裝飾。

# Classic

経典款

每天都有新的雞尾酒出現，除了嶄新的手法和工具受到矚目之外，調酒師之間也開始了回歸經典雞尾酒的運動。透過這個運動，調酒師們重新檢視現今幾乎不再被指定的古典雞尾酒的酒譜，摸索著如何讓它們的丰采再現，或增添某些技法讓它們呈現出現代風格。本章節為本書的最後章節，將介紹各種標準的經典雞尾酒。同時，也一併介紹日本首度揚名世界的雞尾酒所誕生的城市——橫濱所發祥的雞尾酒。

本章節，將以美國禁酒法時代（1920～1933年）前後出現的雞尾酒為主要介紹範圍，不過，無法明確表述各雞尾酒的作者和酒譜。古典酒，分別有自古以來從未改變酒譜的、酒譜曾有極大改變的、酒譜有諸多分枝同時存在的等類別，且依介紹的書籍不同，其由來和酒譜也眾說紛紜。在此，希望讀者們能依各自的解釋，思索是要照著原本的酒譜忠實地調配，或是以既有酒譜為基礎再加以變化成創意雞尾酒。

最後，本章節所介紹的各雞尾酒說明皆為獨自調查的成果，如前所述，並非一定是明確的史實。另外，從參考的酒譜另行轉化的內容亦已記述於說明文中。

# A.1

帶有一流、最高等級等意思的A.1。在表示船舶的等級
中，A代表第一級，也就是最高等級。它的發明作者不
詳，如果是按照英文字母順序來介紹雞尾酒的書籍，
它理應出現在一開始的位置，然而卻鮮少有書籍介紹
它。不過1937年英國出版的「Café Royal Cocktail
Book」一書中，它被刊載在開頭的篇幅。A.1的標準
酒譜是將琴酒40㎖、黃柑橘香甜酒（Orange
Curacao）20㎖、檸檬汁1dash、石榴糖漿1dash（也
有些酒譜是不放石榴糖漿的）全部放入雪克杯搖晃，
讓它釋出酸味再和黃柑橘香甜酒取得平衡。

琴酒　40㎖
法國香橙干邑香甜酒Grand Marnier　10㎖
檸檬汁　10㎖

1. 將全部的材料放入雪克杯搖晃後傾注到雞尾酒玻璃
　　杯內。
2. 將檸檬皮撒進玻璃杯中。

# Sazerac

薩茲拉克酒

19世紀初期，出現在美國新奧爾良的薩茲拉克酒（Sazerac），堪稱是近代雞尾酒當中年代最老的雞尾酒之一。當初的雞尾酒是以常溫或熱飲的方式飲用，但19世紀中期開發出製冰機後，加上20世紀冰箱逐漸普及，才開始能夠飲用到冰涼的飲品。從這樣的背景來看，以不加冰塊的方式調製這款酒或許才是原始的模樣。不過，不加冰塊實在難以入口，海外甚至有人是以搖晃的方式來調製它。原始的酒譜是方糖1顆、苦味劑或Peychaud's Bitters 1 dash、黑麥威士忌（Rye Whiskey）或加拿大會所（Canadian Club）1杯，最後在上面淋上苦艾酒1 dash和檸檬皮。最近以苦艾酒涮洗玻璃杯內壁來調製薩茲拉克的人似乎很多，如果沒有Peychaud's Bitters或苦艾酒的話，也可以用金巴利酒或甜苦艾酒（Sweet Vermouth）代替，且可以在佩諾八角茴香酒 Pernod 內添加蕁麻酒 Chartreuse。這次使用金巴利酒，因此裝飾方面選擇和金巴利酒契合的柳橙切片。

方糖　1顆
黑麥威士忌（Rye Whiskey）　45㎖
金巴利酒　3 dash
佩諾八角茴香酒 Pernod　5㎖
蕁麻酒 Chartreuse　5㎖
柳橙切片　2片

1. 將方糖放入經典式酒杯內，以少量的水溶解它。然後放入冰塊。
2. 放入威士忌、金巴利酒、佩諾八角茴香酒、蕁麻酒後輕輕攪拌。
3. 擺上柳橙切片裝飾。

# Savoy Tango

薩沃伊探戈

這款酒是英國倫敦薩沃伊飯店（Savoy Hotel）的 Harry Craddock 創作的雞尾酒，在他的著作《The Savoy Cocktail Book》一書中，被介紹為當時非常受歡迎的一款酒，但真相究竟是如何呢！？正因為它十分簡約樸實，所以使用的蘋果白蘭地 Calvados 和野莓紅琴酒 Sloe Gin 的契合度，會對其風味和味道帶來極大影響，必須慎重挑選。原本的酒譜是以搖晃技法調製，但有時候以攪拌方式反而更能調製均勻。

卡巴度斯蘋果酒 Calvados（蘋果白蘭地） ½
野莓紅琴酒 Sloe Gin ½

放入雪克杯搖晃（攪拌）後，傾注到雞尾酒玻璃杯內。

# Black Velvet

黑色天鵝絨

以左右手分別拿著香檳和司陶特啤酒的酒瓶，同時傾注……，對此優雅舉動屏氣凝神的、最古老的香檳雞尾酒，就是黑色天鵝絨（Black Velvet）。它的泡沫和舌頭接觸的感覺，宛如天鵝絨一般，是既高雅又柔軟的觸感。它結合了法國的香檳與愛爾蘭的司陶特啤酒，是為數甚少的黑色雞尾酒。據說這款酒是在19世紀末期出現。倘若沒有同時傾注，則會按照香檳、司陶特啤酒的順序靜謐地傾注到玻璃杯，再以極輕的動作攪拌它，如此，泡沫便不會輕易溢出。

香檳（氣泡葡萄酒）　½
司陶特啤酒（Stout，黑啤酒）　½

以左右手分別拿著香檳和司陶特啤酒的酒瓶，同時傾注到高腳杯內。

# Old Pal

老朋友

將威士忌、法國的苦艾酒、以及義大利的金巴利酒以等量混合調製的雞尾酒。其命名 Old Pal，是「老朋友」的意思。在 Harry MacElhone 的著作《Harry's ABC of Mixing Cocktails》一書中，說明這是 1929 年《New York Herald Tribune》的巴黎特派體育記者 Sparrow Robinson 所構思的酒譜。這款酒原本的酒譜，是使用加拿大會所（Canadian Club）這款威士忌，並以攪拌的方式調製。不過，在《The Savoy Cocktail Book》初版中，則載明是以搖晃的方式調製。至於使用哪一種方式，可依個人喜好選擇。

加拿大（或美國）威士忌　20mℓ
乾苦艾酒　20mℓ
金巴利酒　20mℓ

放入雪克杯搖晃（攪拌）後，傾注到雞尾酒玻璃杯內。

# Olympic

奧林匹克

據說這款奧林匹克（Olympic），是 1924 年由巴黎承辦奧林匹克大賽時，由「Hôtel Ritz Paris（巴黎麗茲飯店）」酒吧的 Frank Meier 所創。另外，1934年出版的 Frank Meier 著作《The Artistry of Mixing Drinks》一書中也有介紹這款酒。它流傳下來的酒譜是簡短款式（short style），但當地似乎也會端出以複雜款式（long style）調製的成品。

科涅克白蘭地 Cognac　20㎖
法國香橙干邑香甜酒 Grand Marnier　20㎖
柳橙汁　20㎖

放入雪克杯搖晃後，傾注到雞尾酒玻璃杯內。

# Alaska

阿拉斯加

1920年，由薩沃伊飯店（Savoy Hotel）的調酒師Harry Craddock 所創，但說法甚多已不可考。《The Savoy Cocktail Book》一書中記載著「將乾琴酒¾、黃色蕁麻酒⅓裝入雪克杯搖晃」，卻沒有自己曾調製過的相關敘述。而且，在那之前好像另有「老湯姆琴酒（Old Tom Gin）⅔、黃色蕁麻酒⅓、柳橙苦味1 dash」的酒譜。本次不以搖晃技法調製，而是以攪拌方式，讓琴酒與蕁麻酒的風味充分展現。如果是酒精濃度較高的材料，或是因阿拉斯加酷寒的印象而採用搖晃技法，皆能使成品徹底冷卻讓口感更圓潤。可依個人喜好選擇調製技法。

琴酒　45ml
蕁麻酒Chartreuse（黃色）　15ml

攪拌後，傾注到雞尾酒玻璃杯內。

# Tequila Sunrise

### 龍舌蘭日出

誕生於墨西哥的雞尾酒，由滾石樂團（The Rolling Stones）於1972年進行美國巡迴旅行之際傳開而聞名。這款酒的研發者不詳，但它在禁酒法時代也有被飲用。另外，據說1930年代至1940年代之間，在美國的Arizona Biltmore Hotel也出現了混合龍舌蘭與黑醋栗香甜酒Crème de Cassis的龍舌蘭日出（Tequila Sunrise）。不使用長型玻璃杯，而改用高腳玻璃杯裝盛的酒吧也很多。

龍舌蘭　45mℓ
柳橙汁　適量
石榴糖漿　2tsp
柳橙切片　1片

1. 在裝有冰塊的大玻璃杯內倒入龍舌蘭和柳橙汁，然後輕輕攪拌。
2. 緩緩地加入石榴糖漿，讓它沉到杯底。擺上柳橙切片裝飾。

# Bull Shot

公牛彈丸

據說是1953年由美國底特律的餐廳「The Caucus Club」的經營者
Lester Gruber 和 Sam Gruber 兩兄弟所創。他們使用牛肉高湯入酒
的構想，被認為是為了用來當作餐廳的開胃酒。這款酒也可以依個
人喜好添加鹽、胡椒、辣醬油、塔巴斯哥辣醬、檸檬汁等，它的呈
現方式包括有搖晃後傾注到裝有冰塊的經典玻璃杯、用創建技法調
製出成品、以及倒入湯杯飲用等各種形式。

伏特加　30ml
溫熱的高湯（或牛肉高湯）　60ml

1. 將伏特加倒進以鍋具溫熱的高湯裡。
2. 傾注到熱飲專用的玻璃杯內。

# Tom & Jerry

湯姆與傑利

有一說法，認為18世紀飲用的烈酒是湯姆與傑利（Tom & Jerry）的原型，因此，普遍認為它在禁酒法以前就已經出現了。Jerry Tomas 以現在的樣式推廣出去，是在19世紀末的時候。根據 Frank Meier 的著作《The Artistry of Mixing Drinks》，內文記載著使用12顆雞蛋以大碗調製50杯量的酒譜。另外，除了這次介紹的酒譜以外，也可以添加多香果混合，並以熱水取代溫熱的牛乳。這款酒，也是酒譜變化繁多，有各種做法的雞尾酒之一。

白朗姆酒　30㎖
白蘭地　15㎖
砂糖　2 tsp
雞蛋　1個
熱水　適量
肉桂棒　1根

1. 將雞蛋的蛋白和蛋黃分開。
2. 將砂糖加入到蛋黃的部分，待砂糖溶解後打泡直到出現光澤為止。同時，也將蛋白打泡。
3. 將蛋黃和蛋白混合，倒入朗姆酒和白蘭地後再混合一下。
4. 將熱水倒入3裡混合，然後傾注到熱飲專用的大玻璃杯。
5. 擺上肉桂棒裝飾。

# Bamboo

竹子

這款酒，據說是由自1890年起在橫濱Grand Hotel擔任經理、生長於舊金山的Louis Eppinger所創。雖有一說認為它是改變了雞尾酒阿多尼斯（Adonis）的創意調酒，但無法肯定其真實性。也有一說是將其清爽味道比喻為竹子裂開的方式，這或許是因為它的顏色讓人聯想到竹器吧。

乾雪利酒　45㎖
乾苦艾酒　15㎖
柳橙苦味　1 dash

1. 將全部的材料放入玻璃攪拌杯攪拌。
2. 傾注到雞尾酒玻璃杯內。

# Million Dollar

百萬富翁

1894年，百萬富翁（Million Dollar）這款酒被刊登在橫濱Grand Hotel的菜單上。據說這是由Louis Eppinger所創，是誕生於日本並聞名世界的雞尾酒之一。1930年的《The Savoy Cocktail Book》初版中，記載著以鳳梨汁1大匙、石榴糖漿1小匙、蛋白1個、義大利苦艾酒⅓、普里茅斯琴酒（Plymouth Gin）⅔等材料，以搖晃技法調製「Million Dollar Cocktail」的酒譜。這次調製的New Grand Hotel的酒譜中，添加了1tsp的檸檬汁。

琴酒　45㎖
甜苦艾酒　15㎖
鳳梨汁　15㎖
石榴糖漿　1tsp
蛋白　1個
檸檬汁　1tsp

1. 將全部的材料放入雪克杯充分搖晃後，傾注到飛碟型的香檳玻璃杯內。
2. 擺上鳳梨裝飾。

107

# Yokohama

横濱

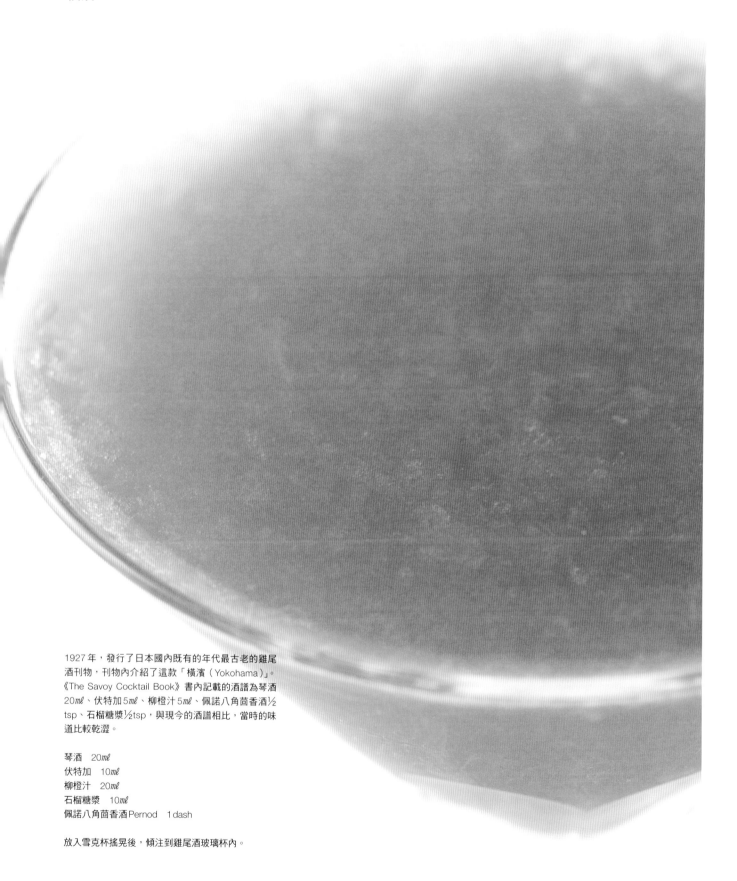

1927 年，發行了日本國內既有的年代最古老的雞尾
酒刊物，刊物內介紹了這款「橫濱（Yokohama）」。
《The Savoy Cocktail Book》書內記載的酒譜為琴酒
20㎖、伏特加 5㎖、柳橙汁 5㎖、佩諾八角茴香酒 ½
tsp、石榴糖漿 ½tsp，與現今的酒譜相比，當時的味
道比較乾澀。

琴酒　　20㎖
伏特加　10㎖
柳橙汁　20㎖
石榴糖漿　10㎖
佩諾八角茴香酒 Pernod　1 dash

放入雪克杯搖晃後，傾注到雞尾酒玻璃杯內。

# Hoover's Fizz

## 胡佛氣泡酒

任職於橫濱山下町渣打銀行（Standard Chartered Bank，現為「レストランかをり（Restaurant KAWORI）」對面的大樓）的 Hoover 先生，在 New Grand Hotel 的酒吧點酒時表示「我祖國的琴費士（Gin Fizz）裡有放入鮮奶油」，因而促成了添加鮮奶油的樣式。我們也可在 1930 年代高登琴酒（Gordon's Gin）的廣告中看到「DASH OF CREAM」等字樣，且一旁繪製的雞尾酒顏色也是白色的。據說，Hoover 先生從橫濱磯子的間坂搭乘電車前往山下町出勤，經常會駐足於事務所附近的 New Grand Hotel。

高登琴酒　45㎖
檸檬汁　15㎖
單糖漿　1 tsp
鮮奶油　5㎖
蘇打　適量
檸檬切塊　1 個
紅櫻桃　1 個

1. 將琴酒、檸檬汁、單糖漿、鮮奶油放入雪克杯搖晃後，傾注到大玻璃杯內。
2. 放入冰塊，斟滿蘇打。
3. 擺上檸檬切塊和紅櫻桃裝飾。

# Cherry blossom

櫻花

由 1923 年創立於橫濱伊勢佐木町的「Café de Paris」（即現在的「Paris」。搬遷至原址附近，目前仍營業中）店主，田尾多三郎研製的雞尾酒。原本是乾澀又強勁的簡約雞尾酒。《The Savoy Cocktail Book》、《Mr. Boston》等西洋書籍內也有介紹這款酒，但因酒譜為店家機密，因此日本國內外留傳的，都是和本家做法截然不同的酒譜。這裡介紹的是刊載於《調酒師手冊（Bartender's Manual）》的酒譜。在「Paris」店內，最後還會放上紅櫻桃。

櫻桃白蘭地　30㎖
白蘭地　30㎖
黃柑橘香甜酒　2 dash
檸檬汁　2 dash
石榴糖漿　2 dash

放入雪克杯搖晃後，傾注到雞尾酒玻璃杯內。

**Inspiration Installation**
盒裝靈感
（詳細內容請參照 128 頁）

# New Materials

── 利用「糯米」與「梅子」的利口酒
製作的雞尾酒 ──

日本原創的雞尾酒在國際之間受到矚目的機會
增加。其中，日本酒是無庸置疑的，使用柚子
或抹茶等日式材料的亦增加不少。在此，介紹
以往比較少使用在雞尾酒上的"新"日式素材
──糯米的利口酒「有機三州味醂」及梅子的
利口酒「三州梅酒」應用在雞尾酒的方法。它
們並非單純當作珍罕的素材使用，重要的是要
利用它們做成未來有發展的雞尾酒素材，發揮
其素材特色，搭配出任何人都能接受的調製配
方。

具樸實自然美味的「有機三州味醂」。全部的原料米都是採用有機農法栽培，並在自然的生態環境中孕育。口感佳，又帶有清爽的甜味，簡直就是「糯米的利口酒」。

# "WA" lashka

### 和風 lashka

「味醂」在一開始並不是調味料，而是直接飲用的酒。在新素材的提案之下，可
不能缺少味醂的歷史介紹。在此，我們先回到過去，想像著把味醂當作雞尾酒直
接享用。我們試著利用味醂作出尼古拉斯（Nikolaschka）的創意雞尾酒，首
先，將白蘭地換成味醂，然後把芥末加到砂糖內調製成芥末糖並一起加進去，與
青紫蘇葉一起，便完成了"在口中調製"的雞尾酒。

有機三州味醂…30ml　檸檬切片…1片
自製芥末方糖…1個　青紫蘇葉…1片　自製芥末苦味…1dash

1. 將味醂傾注到利口酒杯（Short Glass，短飲型酒杯）內。
2. 將檸檬切片放在杯上，再擺上青紫蘇葉和自製芥末方糖，然後灑上自製芥末苦
   味。

（自製芥末方糖）
和三盆糖…適量　芥末…和和三盆糖相同份量
將芥末磨成泥，加入到和三盆糖內充分攪拌，做成立方體狀。

（自製芥末苦味）
高純度伏特加…適量　芥末…適量
將充分洗淨去水的芥末整顆放進高純度伏特加內，浸漬約2星期。

# Mirin-Saltyvodka Tonic

### 味醂佐鹹味伏特加補劑

味醂的極大特徵在於它的甘甜味。利用鹽，讓它的甘甜味在味覺上發揮強調甜味
的對比效果，並藉此特性做成雞尾酒。搭配自製的鹽味伏特加，能夠增強味醂的
甘甜味。自然的甜味能提升清爽感，能感到非常舒爽。也能感覺到輕微的鹽味，
可以在酷熱的夏天潤喉。

自製鹽味伏特加…40ml　有機三州味醂…5ml
萊姆汁…1tsp　通寧水…適量

1. 將自製鹽味伏特加、味醂、萊姆汁倒入雪克杯內搖晃。
2. 傾注到裝有冰塊的大玻璃杯，再盛滿通寧水。

（自製鹽味伏特加）
伏特加…適量　鹽…伏特加的3%
將鹽放入伏特加中，充分混合攪拌讓鹽溶解。

# "NIKU-JAGA" Cocktail

### 馬鈴薯燉肉雞尾酒

把味醂當作調味料使用的料理中,最容易讓人瞭解的莫過於「馬鈴薯燉肉」。將這道料理用雞尾酒呈現,就能夠理解雞尾酒中使用味醂的意思了。把胡蘿蔔和洋蔥打成汁放進去,再添加當作「調味料」的味醂。利用以馬鈴薯做成的瑞典烈酒Akvavit為基調,創造出類似馬鈴薯燉肉的味道。

瑞典烈酒Akvavit…30㎖　有機三州味醂…10㎖　日本酒…10㎖
和三盆糖…1 tsp　洋蔥汁…40㎖　胡蘿蔔汁…40㎖
冷凍乾燥醬油…適量　馬鈴薯…適量　味醂…適量　醬油…適量

1. 在玻璃杯的外緣上塗抹半圈的冷凍乾燥醬油。
2. 將烈酒Akvavit、味醂、日本酒、和三盆糖、洋蔥汁、胡蘿蔔汁倒入雪克杯內搖晃。
3. 傾注到玻璃杯後放置在盤子上。擺上以味醂和醬油混合的調味醬汁所燉煮的馬鈴薯,再讓燉煮的調味醬汁流在盤內。

（燉馬鈴薯）
1. 馬鈴薯去皮,用鑽孔器削成圓狀浸到水中。
2. 混合味醂和醬油做成滷汁,把1的馬鈴薯放進來燉煮到入味。

# "WA" jito

### 和風熱門雞尾酒

梅酒本身已經是味道完全的利口酒了。以額外增加的方式將日式素材搭配其中,可以享受到與單純飲用梅酒截然不同的品嚐方式。以梅酒取代朗姆酒、柚子取代萊姆、青紫蘇葉取代薄荷葉、以及日式素材取代莫吉托(Mojito)所調製的創意雞尾酒。梅酒的清爽酸味會因柚子和青紫蘇葉的味道而呈現出更雅緻的風味。

三州梅酒…60㎖
柚子汁…15㎖
青紫蘇葉…4～5片（調酒用）
柚子皮…1個的量
青紫蘇葉…1片（裝飾用）

1. 將青紫蘇葉撕碎放入雪克杯內,用搗碎棒搗碎。
2. 將梅酒、柚子汁、碎冰放入雪克杯內搖晃。
3. 將冰塊一顆顆放入雞尾酒玻璃杯內,再擺上柚子皮和青紫蘇葉裝飾。

株式會社角谷文治郎商店,於明治43年（1910年）創立於愛知縣三河地區。這個地區充滿了優質水源與溫暖氣候,非常適合釀造。角谷文治郎商店至今仍持續嚴守本家釀造製法的「有機三州味醂」,僅將日本國產的有機栽培糯米、有機米麴、有機本格燒酎加以釀造,讓它們充分釀造熟成,製作出滑潤濃郁、高級美味、口感極佳的正統味醂。「有機三州味醂」僅利用「釀造」技法便誘發出米的美味,實在是真正的「糯米的利口酒」。

■ 諮詢處／株式會社角谷文治郎商店
〒 447 - 0843　日本愛知縣碧南市西濱町 6 - 3
http://www.mikawamirin.com/
TEL +81 - 566 - 41 - 0748（代表號）　FAX +81 - 566 - 42 - 3931

# Bartender / Shop

調酒師 ／ 酒吧介紹

**Espuma泡沫　石垣 忍　Shinobu Ishigaki**
自「日本調酒師學校」夜間部畢業後，進入東京涉谷老舖「松本家」兼併的酒吧「松本」服務。2003年在涉谷開設「BAR 石之華」。在「Be COINTREAU versial Show」構思出君度橙酒Cointreau的特色雞尾酒，也在「CALPIS BARTIME」創作出使用可爾必思的雞尾酒等，活躍於許多方面。獲得「BACARDI-MARTINI　GRAND PRIX2005」世界大會優勝。

**Bar 石之華**（Bar ISHINOHANA）
□ 東京都涉谷區涉谷3-6-2 第2矢木大廈B1F
□ +81-3-5485-8405　□ 18：00～02：00　□ 週日、例假日公休

拉開外觀如小餐廳的拉門，便有大理石與碎石映入眼簾。以「石」為主題裝設的店，讓石垣先生的時尚雞尾酒更耀眼奪目。

**Liquid Nitrogen液態氮　宮之原 拓男　Takuo Miyanohara**
大學畢業後，進入「神戶大倉飯店（Hotel Okura Kobe）」服務，擔任侍酒師的工作。在法式料理、中國菜、鐵板燒、日式的餐廳服務達第8年時，終於轉任為期望已久的調酒師工作。於2007年離職獨立，開設「BAR ORCHARD GINZA」。和自學生時代起期望一同創設酒吧的妻子壽美禮共同經營。獲得「DIAGEO WORLD CLASS 2011」日本大會入圍。

**BAR ORCHARD GINZA**
□ 東京都中央區銀座6-5-16 三樂大廈7F
□ +81-3-3575-0333　□ 18：00～03：00　□ 週日、例假日公休

供應液態氮雞尾酒的先驅酒吧。店名的ORCHARD＝果樹園，對使用新鮮水果的雞尾酒特別在行，葡萄酒和起司的商品也很豐富。

**Sous Vide真空低溫烹調法　中垣 繁幸　Shigeyuki Nakagaki**
中垣先生在「BAROSSA cocktailier」擔任吧檯調酒師的同時，也經營西班牙酒吧「Bar BAROSSA」。充分發揮曾在法式餐廳廚房工作的經驗，將糕點技術與侍酒師的食物魔法應用在調酒上，展開一場名為「cocktailier」的新穎世界觀。現在，提倡將重點擺在水果原始之力的「自然派雞尾酒」。獲得「SUNTORY COCKTAIL COMPETITION 2000」最優秀獎、「DIAGEO WORLD CLASS 2011」日本大會入圍。

**BAROSSA cocktailier**
□ 岐阜市金寶町1-12 PORT-A 2F
□ +81-58-263-1099　□ 19：00～01：00　□ 週一公休

設置空氣幕廉冰箱和真空調理器等令人印象深刻的方便工具。中垣先生與妻子，一同為岐阜帶來活力。也推薦您嚐嚐地下樓「Bar BAROSSA」供應的餐點。

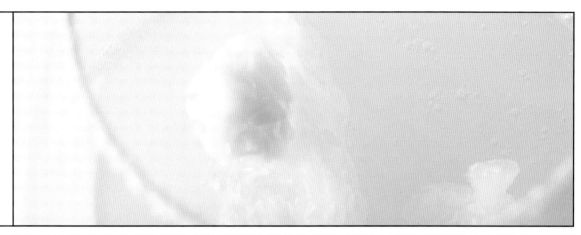

Bar 石之華

BAR ORCHARD GINZA

BAROSSA cocktailier

**Aroma香薰& Smoke煙霧　南雲 主于三　Shuzo Nagumo**

2006年，獨自前往英國倫敦的「NOBU london」任職。2007年歸國返日。進入Y's table corporation後，擔任「XEX TOKYO」的首席調酒師。2009年，在東京八重洲開設提供最先進特調雞尾酒的店鋪「Bar & Café codename MIXOLOGY tokyo」。現在另有赤坂店，目前共經營2間店鋪。

**Bar & Café codename MIXOLOGY akasaka**

☐ 東京都港區赤坂3-14-3 渡林赤坂大廈2F

☐ +81-3-6459-1129　☐ 18：00～02：00（週五～04：00）

☐ 週日、例假日公休

除了新的工具外，還備齊了許多自製浸漬液、糖漿、苦味（苦精）。這裡的人氣特色，是在製作時需靜置一晚的冷凍琴通寧（Freeze Gin And Tonic）。也有進行調酒師的餐飲事業。

**Flavored Spirits風味烈酒　有田 王城　Kimishiro Arita**

進入西武餐廳任職後，在法式餐廳「Bistrot de Paris」擔任服務員，後轉任為調酒師。歷經橫濱「OLD / NEW 馬車道店」、「The POTSTILL」、「EXCELLENT COAST Bar Neptune」、西洋銀座飯店「Member's Bar G-1」等資歷，於2004年在生長地橫濱開設了「Bar HALEKULANI」。

**Bar HALEKULANI**

☐ 神奈川縣橫濱市神奈川區榮町8-1 橫濱塞得港Fante 1F

☐ +81-45-441-5444　☐ 18：00～03：00　☐ 週日公休

位於橫濱塞得港地區一戶隱蔽的酒吧。「HALEKULANI」在夏威夷語中，是樂園之館的意思。店內羅列許多海外購得的風味烈酒，沒有其他種類。

**Throwing拋接　渡邊 高弘　Takahiro Watanabe**

1990年進入京王廣場大飯店任職後，虔心鑽研以酒吧為主的知識，歷經Sky Bar「北極星（Polestar）」等經歷，目前任職於Main Bar「BRILLANT」。獲得「2002 Beefeater Cocktail Competition」優勝、同世界大會綜合第3名、「Chivas Bar Master 2008 TOKYO」優勝、「第26屆HBA Classic創意雞尾酒競賽」優勝。

**MAIN BAR BRILLANT**

☐ 東京都新宿區西新宿2-2-1 京王廣場大飯店南館2F

☐ +81-3-3344-0111（代表號）

☐ 17：00～02：00（週日、例假日～24：00）　☐ 全年無休

抬頭仰望天花板，崁燈宛如星空般閃爍著點點光芒的「京王廣場大飯店」的Main Bar。周圍環繞著英國生產的紅土所燒製的紅磚，呈現出華麗的氣氛。

**Homemade Syrup自製糖漿　山本 悌地　Daiji Yamamoto**

自學生時代開始在餐飲店打工，1990年進入銀座的酒吧「ST. SAWAI ORIONZ」服務，展開調酒師的學習生涯。之後在橫濱的酒吧磨練技能，於1994年在橫濱關內開設了「The Bar CASABLANCA」。並著有介紹運用20種水果調製雞尾酒的酒譜《cocktail fresh fruits technique》一書。獲得「第27屆HBA日本全國調酒師技能競賽」優勝。

**The Bar CASABLANCA**

☐ 神奈川縣橫濱市中區相生町5-79 BERU大廈馬車道B1F

☐ +81-45-681-5723　☐ 18：00～03：30（週日、例假日～02：00）

☐ 全年無休

藍色燈光照耀著圓弧般的吧檯，夢幻氛圍飄散在整間店內。這裡威士忌搭配水果的雞尾酒格外出色。

codename MIXOLOGY
akasaka

Bar HALEKULANI

MAIN BAR BRILLANT

The Bar CASABLANCA

**Homemade Bitters自製苦味　三和 隆介　Ryusuke Miwa**
崇拜在飯店擔任主廚的父親，因此自高中時代起決心前往烹飪領域。為了學習烹飪的知識而在圖書館閱讀時無意間取得一本雞尾酒書籍，從此對調酒師一職迷戀不已。畢業後曾在吉祥寺的餐廳酒吧等處累積經驗。2004年，以22歲的年紀在西荻窪開設了酒吧「ROMANTICA BAR（浪漫洋酒店）」。他以嘗試的心理將各種素材應用在雞尾酒上，並推出許多匠心獨具的原創作品。

**ROMANTICA BAR（浪漫洋酒店）**
☐ 東京都杉並區西荻南3-11-11 Ojima大廈2F
☐ 未設置電話　☐ 19：00～05：00　☐ 不定期公休

靜靜佇立於西荻窪站前商店街的店。店內以熱情的紅色為主題，並以西班牙語為店命名。未來也會有年輕的調酒師駐守此店。

**Classic經典款（照片左）　山本 隆範　Takanori Yamamoto**
1980年，進入位於東京神田並以作家之居聞名的「山之上飯店（Hilltop Hotel）」擔任調酒師。他在Main Bar「Non Non」與Wine Bar「Mont Cave」累積並鑽研了20年。2001年11月，他從一開始便以首席調酒師的身份支撐著開設於廣尾的「THE PLACE」。

**Classic經典款（照片右）　藤澤 倫顯　Tomoaki Fujisawa**
1995年進入銀座的名店「ST. SAWAI ORIONZ」服務，師事於擔任國際調酒師協會副會長、有Mr. Bartender稱號的澤井慶明先生。澤井先生過世後，他也以管理者的身份守在同一間店。2011年起，在廣尾的「THE PLACE」服務。豐富經驗與毫無架子的態度，能讓客人感到舒適與安慰。

**THE PLACE**
☐ 東京都涉谷區廣尾5-17-10 EASTWEST 2F
☐ +81-3-5447-5505　☐ 18：00～02：00　☐ 週日、例假日公休

被藝術品〔如貝爾那・畢費（Bernard Buffet）的繪畫等〕環繞的奢侈空間。100種以上的莫吉托等，博得許多人氣。

**Classic經典款　太田 圭介　Keisuke Ota**
夢想能站上「Bar Sea Guardian II」吧檯而立志成為調酒師，於1994年進入橫濱山下町的「Hotel New Grand」服務。當時被分配到法式餐廳，2001年才被分配到「Bar Sea Guardian II」。現在是這間店的首席調酒師。自2009年起，擔任日本飯店調酒師協會（Hotel Barmen's Association, Japan，簡稱HBA）的理事長兼關西支部支部長。獲得2005年「HBA・MHD Cocktail Competition」優秀獎。

**Bar Sea Guardian II**
☐ 神奈川縣橫濱市中區山下町10番地 Hotel New Grand 1F
☐ +81-45-681-1841（代表號）　☐ 17：00～24：00（日本311大地震後，近期調整營業時間至23：00為止）　☐ 全年無休

1927年創立，是麥克阿瑟將軍和默劇大師卓別林等無數名人曾造訪過、具歷史性的「Hotel New Grand」的主要酒吧。在英國味濃厚的氣氛下接待賓客。

**利用「糯米」與「梅子」的利口酒製作的雞尾酒　鹿山 博康　Hiroyasu Kayama**
20歲時在東京都內飯店的主要酒吧任職，開啟了調酒師之路。離開後，在都內的多間酒吧接受訓練，於2007年進入西麻布的「bar Amber」。現在是該店的店長。為了磨練自身技術，他積極地參加各種雞尾酒競賽。擔任社團法人日本調酒師協會的六本木支部技術研究副部長。

**bar Amber**
☐ 東京都港區西麻布2丁目25-11 田村大廈1F
☐ +81-3-3498-2444　☐ 20：00～05：00（週日、例假日～03：00）
☐ 全年無休

靜靜佇立於西麻布十字路口的巷弄內，以特調雞尾酒為主的精緻酒吧。平時引人注目的有15～20種水果、數十種香料、自家栽培的草本植物（藥草）、獨創苦味和烈酒浸漬液。

ROMANTICA BAR

THE PLACE

Bar Sea Guardian II

bar Amber

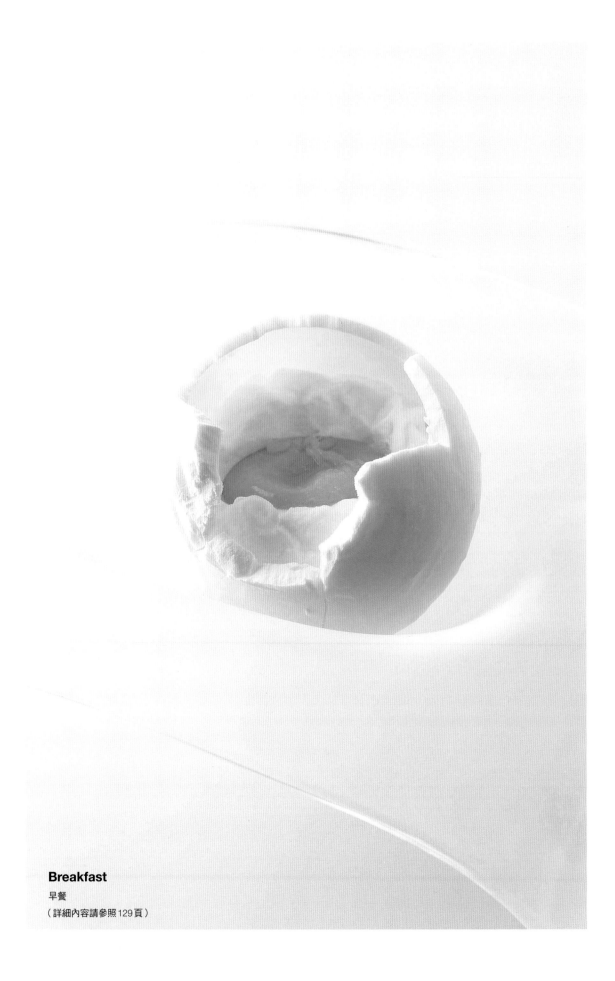

**Breakfast**

早餐

（詳細內容請參照129頁）

# Bar Tools

調酒工具介紹

介紹調製雞尾酒時所需要的調酒工具。從基本工具開始，也會介紹本書內刊載之新型
創意雞尾酒進行調製時不可或缺的新機器。

**1. 鎳銀銅合金　雞尾酒雪克杯　大**
純銀鍍金規格的雪克杯。它比起不鏽鋼製的雪克杯更有溫暖的操作觸感，且冰塊碰撞到雪克
杯的聲音會又高又響亮。尺寸為總高205mm、口徑90mm、重量約370g。【販售商店】創吉
SOKICHI－The Glass Factory－

**2. 雪輪紋 男爵雪克杯 A**
經典雪克杯中，同樣是以直線外型為特徵的雪克杯。另有鍍金施工的款式。尺寸為A（容量
510㎖）、B（容量410㎖）、C（容量250㎖）這3種。照片為A。【販售商店】NARANJA Inc.

**3. NARANJA 波士頓雪克杯**
在金屬製的大型瓶身中，蓋上品脫玻璃杯和短型瓶身，是內部沒有過濾器的雪克杯。照片為
標準款，總高度是290mm。
【販售商店】NARANJA Inc.

NARANJA Inc.
東京都板橋區板橋 1-53-10-1E
TEL：+81-120-913-477（+81-3-3962-1889）
FAX：+81-3-3962-3404
www.naranja.co.jp
調酒工具 NARANJA　http://www.naranja.co.jp/bar/index.html

創吉 SOKICHI－The Glass Factory－
東京都台東區雷門2-1-14
TEL & FAX：+81-3-3843-1119
http://sokichi.co.jp/
創吉網路商店　http://www.sokichi.co.jp/index.html

**4.** 熱帶水果紋飾的玻璃攪拌杯（Mixing Glass）
以噴砂法繪製出熱帶水果模樣的玻璃攪拌杯。另有以相同方式繪製出南島模樣的「熱帶島嶼」。總高度121mm，口徑95mm。【販售商店】NARANJA Inc.

**5.** 附腳的玻璃攪拌杯
800㎖的大容量玻璃攪拌杯。因為設計上有底部的腳，手的溫度比較不會傳達或影響到雞尾酒。半水晶的圓體身形，能使攪拌快速、流暢。【販售商店】NARANJA Inc.

**6.** 雪輪紋 U 型量酒器
以優雅外型及重量感為特徵的量酒器。除了照片的30㎖／45mm以外，另有30㎖／50mm、15㎖／30mm共計3種規格。也有全鍍金的款式。【販售商店】NARANJA Inc.

㈱NARANJA Inc.
東京都板橋區板橋 1-53-10-1E
TEL：+81-120-913-477（+81-3-3962-1889）
FAX：+81-3-3962-3404
www.naranja.co.jp
調酒工具 NARANJA　http://www.naranja.co.jp/bar/index.html

**7. 鳥巢 短柄濾網**
調製新鮮水果雞尾酒時必備的工具。構造上使用粗濾網，
並重疊兩個濾網使濾孔為不同角度，如此能夠減少堵塞，
迅速過濾果肉。【販售商店】NARANJA Inc.

**8. 雪輪紋 男爵過濾器（又名附鋼圈濾酒器）**
圓形直徑為8㎝的標準款。中央部位有設計十字架形狀的
空氣孔。鋼圈微粗、具重量感，因觸感柔軟而能迅速地放
入玻璃攪拌杯內。【販售商店】NARANJA Inc.

**9. ALESSI 檸檬壓搾機**
義大利家庭用品品牌「ALESSI」的壓搾機「JUICY
SALIF」。在充滿存在感的外型上亦具備功能性的藝術型
壓搾機。【販售商店】NARANJA Inc.

**10. 壓搾機‧青山　檸檬搾汁器**
玻璃製的標準型果汁搾汁器。照片為大型的，尺寸是口徑
138mm×總高40mm，因為外圍有設計高度，能夠儲存搾好
的果汁。除了大型的以外，另有中型140mm×35mm和小
型140mm×28mm共3種。【販售商店】創吉SOKICHI－
The Glass Factory－

㈱NARANJA Inc.
東京都板橋區板橋1-53-10-1E
TEL：+81-120-913-477（+81-3-3962-1889）
FAX：+81-3-3962-3404
www.naranja.co.jp
調酒工具NARANJA　http://www.naranja.co.jp/bar/index.html

創吉SOKICHI－The Glass Factory－
東京都台東區雷門2-1-14
TEL & FAX：+81-3-3843-1119
http://sokichi.co.jp/
創吉網路商店　http://www.sokichi.co.jp/index.html

**9**

**7**

**8**

**10**

11. 水果搗碎棒
徑33mm×長158mm的不鏽鋼製小型搗碎棒。為了
容易搗碎，內部使用鐵的秤砣，並將重心置於下
部。由於是不鏽鋼製，不僅清洗容易也很衛生。
【販售商店】創吉SOKICHI－The Glass Factory－

12. 不鏽鋼搗碎器L
全不鏽鋼製，因清洗容易又衛生而受到歡迎。前
端有3.5mm的四方形突起，可以有效率地搗碎水
果等食物。尺寸有長度20cm的L型，也另有18cm
的S型。【販售商店】NARANJA Inc.

13. 月神Luna 雞尾酒叉
青芳製造所生產的雞尾酒叉。不鏽鋼的前端有
丙烯酸樹脂（俗稱壓克力）材質的圓珠。圓珠分
別有透明的、藍的、綠的共3種，皆為6支一
組。全長87mm。【販售商店】創吉SOKICHI－The
Glass Factory－

**12**

**11**

**13**

㈱NARANJA Inc.
東京都板橋區板橋1-53-10-1E
TEL：+81-120-913-477（+81-3-3962-1889）
FAX：+81-3-3962-3404
www.naranja.co.jp
調酒工具NARANJA http://www.naranja.co.jp/bar/index.html

創吉SOKICHI－The Glass Factory－
東京都台東區雷門2-1-14
TEL & FAX：+81-3-3843-1119
http://sokichi.co.jp/
創吉網路商店 http://www.sokichi.co.jp/index.html

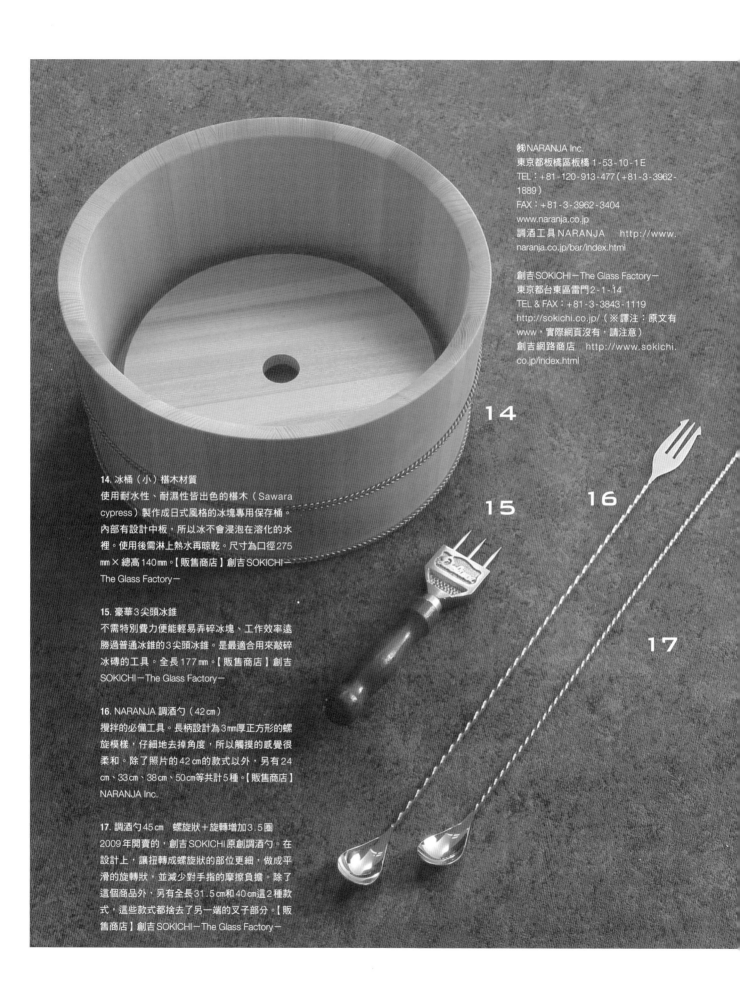

㈱NARANJA Inc.
東京都板橋區板橋 1‑53‑10‑1E
TEL：＋81‑120‑913‑477（＋81‑3‑3962‑
1889）
FAX：＋81‑3‑3962‑3404
www.naranja.co.jp
調酒工具 NARANJA　http://www.
naranja.co.jp/bar/index.html

創吉 SOKICHI－The Glass Factory－
東京都台東區雷門 2‑1‑14
TEL & FAX：＋81‑3‑3843‑1119
http://sokichi.co.jp/（※譯注：原文有
www，實際網頁沒有，請注意）
創吉網路商店　http://www.sokichi.
co.jp/index.html

**14**

**15**

**16**

**17**

**14. 冰桶（小）檜木材質**
使用耐水性、耐濕性皆出色的檜木（Sawara
cypress）製作成日式風格的冰塊專用保存桶。
內部有設計中板，所以冰不會浸泡在溶化的水
裡。使用後需淋上熱水再晾乾。尺寸為口徑275
mm×總高140mm。【販售商店】創吉 SOKICHI－
The Glass Factory－

**15. 豪華3尖頭冰錐**
不需特別費力便能輕易弄碎冰塊、工作效率遠
勝過普通冰錐的3尖頭冰錐。是最適合用來敲碎
冰磚的工具。全長177mm。【販售商店】創吉
SOKICHI－The Glass Factory－

**16. NARANJA 調酒勺（42cm）**
攪拌的必備工具。長柄設計為3mm厚正方形的螺
旋模樣，仔細地去掉角度，所以觸摸的感覺很
柔和。除了照片的42cm的款式以外，另有24
cm、33cm、38cm、50cm等共計5種。【販售商店】
NARANJA Inc.

**17. 調酒勺45cm　螺旋狀＋旋轉增加3.5圈**
2009年開賣的，創吉 SOKICHI 原創調酒勺。在
設計上，讓扭轉成螺旋狀的部位更細。做成平
滑的旋轉狀，並減少對手指的摩擦負擔。除了
這個商品外，另有全長31.5和40cm這2種款
式，這些款式都捨去了另一端的叉子部分。【販
售商店】創吉 SOKICHI－The Glass Factory－

**18. 香氛噴霧機（Aladin Aromatic）**

總高 210 mm。西班牙製的精緻香氛噴霧機「Aladin Aromatic」。將浸過香氛精油的棉花置於上部，按下開關，便能輕鬆地噴灑出香氛的噴霧。【販售商店】（株）大橋洋食器　樂天市場cupboard

**19. 煙霧機（Super Aladin・Smoke Machine）**

西班牙製的煙霧機「Super Aladin・Smoke Machine」。材質為鋁製，將煙霧芯片放入上部後，開啟底部開關在芯片上點火，便會從噴嘴前端噴出煙霧。本體為口徑45mm×全高265mm。【販售商店】（株）大橋洋食器　樂天市場cupboard

大橋洋食器
新潟縣新潟市中央區本町通8-1352
TEL：+81-25-228-4941
FAX：+81-25-229-5652

樂天市場cupboard
Aladin Aromatic
http://item.rakuten.co.jp/cupboard/1560389
Super Aladin
http://item.rakuten.co.jp/cupboard/1553367/#1553367

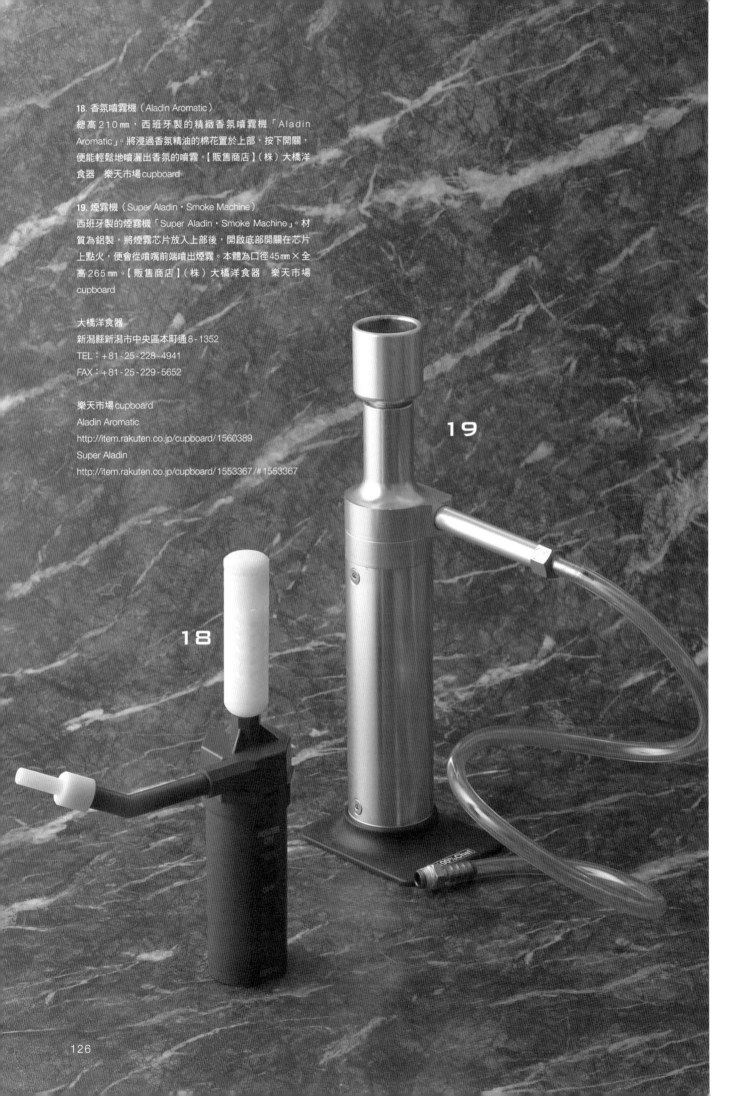

**20**

**20. 泡沫推進器**

調製泡沫雞尾酒必備，使用食品添加物一氧化二氮（Nitrous Oxide，$N_2O$，俗稱笑氣）氣體的泡沫推進器。給泡器有 L（約 1180 cc）、M（約 700 cc）、S（約 390 cc）3 種尺寸。填充機為寬 255 mm×深 175mm×總高 443mm。裝上氣缸時約 11 kg。日本全國皆有一氧化二氮的購買和器材維修等服務。【販售商店】TOHO ACETYLENE㈱

TOHO ACETYLENE㈱
氣體瓦斯工業設備營業部　食品開發組
東京都中央區東日本橋 2-4-10
TEL：+81-3-5687-5209
FAX：+81-3-5687-8088
http://www.toho-ace.co.jp/espuma

**21. 真空調理器（桌上型真空包裝機 V-382 型）**

業務專用的精緻型真空調理器「桌上型真空包裝機 V-382 型」。其真空室是透明的，容易進行作業。另外，內有安裝「儲液托盤」，萬一液體噴灑出來也可以放心。最大包裝材料的尺寸為 300mm×450mm。電源為 AC 100V。41mm×深 609mm×總高 377mm（真空室開啟時 685 mm）。【販售商店】㈱TOSEI

**21**

株式會社 TOSEI
靜岡縣伊豆之國市中島 244
（東京、名古屋、大阪、福岡等地有支店，仙台、廣島、鹿兒島等地有營業所）
TEL：+81-558-76-2383（業務、客服代表號）
http://www.tosei-corporation.co.jp/

# Caviar Rainbow

**魚子醬彩虹**（第2頁）

從比重大的材料開始依序將烈酒和利口酒堆疊至玻璃杯中的彩虹酒（Pousse-Café），呈現出不同層能品嚐到不同顏色與味道的風格。彩虹（Rainbow）是其中之一，將烈酒與利口酒晶球化，以晶球狀態（魚子醬模樣）呈現7道輝煌色彩的模樣。（「codename MIXOLOGY akasaka」南雲主于三）

A 石榴糖漿、噴射27、酒釀、紫羅藍香甜酒 Parfait Amour、
　藍橙酒 Blue Curacao、蕁麻酒 Chartreuse、白蘭地
　各適量※
　礦泉水　適量
　海藻酸鈉　上述的1%

B Chlorure　50g
　礦泉水　1000㎖

1. A的烈酒和利口酒分別倒入大的容器內，用礦泉水稀釋，然後添加海藻酸鈉，再用攪拌棒充分混合攪拌。由於海藻酸鈉不易溶解，需徹底攪拌。之後，放置冰箱冷藏4小時以上至泡沫消失為止。
2. 混合B的材料。Chlorure為高水溶性，能立刻溶解。
3. 把1調製好的材料用滴管逐一吸起來，滴落到2裡。確認其是否已形成晶球狀，然後在1分鐘後舀起來，用水充分洗淨，再滴入Chlorure水溶液。以這個狀態靜置著，就會逐漸凝固。
4. 按照上述步驟將7個材料全都做成晶球狀，然後以冷藏儲存備用。
5. 由於多少會滲出一些水分，請用廚房紙巾吸掉多餘水分，逐一放入適當的量至玻璃杯內。

※ 酒精濃度的比例越高越不容易凝固，因此有必要用水稀釋調整。

# Inspiration Installation

**盒裝靈感**（第111頁）

能以盒裝的形式讓賓客鑑賞「時間」、「空間」、「體驗」的雞尾酒。利用真空低溫烹調法，能在眼前將自己獨創的烈酒依照香氣啟發出的靈感調製出來，可體驗到烈酒調製完成的全新感受。（「BAROSSA cocktailier」中垣繁幸）

丙烯酸樹脂製的透明盒（堅果、水果乾、辛香料等，可依個人喜好放置10種以上）
各種糖類（楓糖糖漿、糖蜜、龍舌蘭糖漿等）
瓶子（威士忌等棕色烈酒）
純酒酒杯（Straight Glass）
香氛噴霧機
真空調理器

1. 在香氛噴霧機內安裝好主題的瓶子，讓人欣賞香味。
2. 然後，依據該香味啟發出的靈感，從透明盒內自由挑選材料。
3. 將啟發出靈感的形象樣本與主題基酒一起進行真空低溫烹調。
4. 真空低溫烹調過的香氣樣本，可作為伴酒小菜（辛香料類的除外）提供給賓客食用。液體部分則傾注到裝有冰塊的玻璃杯內。
5. 賓客能自行增加「靈感」的香味，並可在調製烈酒的「體驗」中，同時欣賞雞尾酒。

# Breakfast

早餐（第120頁）

早餐時若端出這樣的雞尾酒……，外觀如同蛋殼剛剛被刀叉切開
一般。蛋黃就像隨時會流出來一樣，但其實這部分是用芒果做
的。蛋白是椰奶做的泡沫，蛋殼是在裝有優格的氣球內注入液態
氮製作而成。（「BAR ORCHARD GINZA」宮之原拓男）

芒果　½　／　海藻酸鈉　7g　／　水　500ml
氯化鈣　2.5g

Espuma泡沫（1杯的量）
椰奶　60　／　伏特加　20　／　凝膠粉　2tsp
※泡沫如果不一次做一定程度的量會很難順利做出來，所以這次
是以5杯以上的份量製作。實際使用時，請從中選擇適當的量應
用在此雞尾酒上。

1. 製作「蛋黃」。將芒果和海藻酸鈉放入攪拌機攪拌，用湯匙舀起
   放入裝有氯化鈣和水的容器中。放置至外膜穩定後，以水洗淨。
2. 製作「蛋白」。將椰奶、伏特加、用熱水溶解的凝膠一併放入泡
   沫給泡機內，注入氣體。在使用前請放置在冰箱內冷藏備用。
3. 製作「蛋殼」。充分洗淨氣球的內部後，把氣球吹大成想要製作
   的蛋殼大小，然後注入裝在針筒（不要裝上針）內的優格（請
   注意避免優格噴出來）。待優格已注入到氣球的⅓左右後，把氣
   球的開口綁起來。放入液態氮中，在它不斷轉動的同時，使優
   格接觸到氣球的部分結凍，做出「蛋殼」。
4. 用刀子在3上切開一條縫，然後淋上常溫的水把氣球取下。用
   菜刀尖端等尖銳物品輕輕敲「蛋殼」以破壞一部分的「蛋殼」，
   然後把蛋白（2）和蛋黃（1）放到裡面，盛盤。
5. 擺上刀叉裝飾。

# Homemade Infusion, Syrup, and Bitters

自製浸漬液、糖漿、苦味

本篇將介紹內文中未出現的自製浸漬液、糖漿、苦味的製作方法。至於要應用在哪種雞尾酒，以及該如何應用，則由各位自行發揮創意。建議的保存期限會依氣候和環境的影響而改變，即使在保存期限內，風味也會緩慢地變化，需要格外注意（以下為「Bar & Café codename MIXOLOGY akasaka」南雲主于三先生提供的酒譜）。

## Infusion 浸漬液

### Bacon Vodka or Bourbon

培根伏特加／培根波本威士忌

培根　200g　／　伏特加或波本威士忌　1瓶（700㎖）

1. 平底鍋上倒入少量的油，把培根徹底煎熟。
2. 把火轉成非常小的火，將伏特加或波本威士忌整瓶倒入，燉煮約10分鐘。火太大會讓酒精揮發掉，請多注意。
3. 從火上移開，各培根分別放入保存容器內，放置冰箱冷藏24小時。
4. 取出凝固的油和培根。用廚房紙巾過濾約3次。
5. 把油濾乾淨後，放回原本的瓶子內。

〈建議保存期限〉常溫保存2個月、冷藏保存6個月

### Baked Banana rum

烘烤香蕉朗姆酒

香蕉　2條　／　朗姆酒　1瓶（700㎖）

1. 香蕉稍微烘烤後，與朗姆酒一同放入附握把的小煮鍋用小火燉煮。
2. 燉煮約15分鐘後從火上移開，放入冰箱冷藏24小時。
3. 用廚房紙巾過濾後放入瓶中。

〈建議保存期限〉常溫保存1個月、冷藏保存3個月

### Ginger Spice Vodka

生薑香料伏特加

生薑　100g　／　檸檬草　適量　／　丁香　5粒
荳蔻果實　2粒　／　檸檬皮　適量　／　伏特加　1瓶（700㎖）

1. 將所有的材料放入保存容器內浸漬約2星期。

〈建議保存期限〉常溫保存2個月、冷藏保存3個月
※若想釋放出生薑的新鮮感，建議以冷藏保存。

## Baked Apple & Cinnamon Brandy

烤蘋果 & 肉桂白蘭地

蘋果　2個　／　砂糖　適量　／　肉桂棒　2根
香草豆　1根　／　白蘭地　1瓶（700㎖）

1. 將蘋果切成適當的大小，撒上砂糖，用烤箱烤約25分鐘。
2. 將1和白蘭地一起放入瓶中，再加入肉桂棒和香草豆，浸漬約2星期。確認香氣和味道是否已入味。

〈建議保存期限〉常溫保存3個月、冷藏保存1年

## Smoke Bourbon

煙燻波本威士忌

波本威士忌　1瓶（700㎖）

1. 將波本威士忌傾注到大圓盆或大平底鍋。
2. 用煙霧機煙燻後蓋上蓋子放置約30分鐘。
3. 再次煙燻，依個人喜好的薰香狀態來判斷是否停止。存放在瓶內保存。

〈建議保存期限〉常溫保存6個月
※若薰香消失，可再次煙燻。

## Syrup 糖漿

### Guinness Syrup

金氏黑啤酒糖漿

英國產金氏黑啤酒　1罐（350㎖）　／　砂糖　350g

1. 將黑啤酒和砂糖放入附握把小煮鍋內煮到沸騰，再以小火燉煮約10～15分鐘。
2. 確認味道與濃稠狀態。可依個人喜好放入香料。

〈建議保存期限〉常溫保存6個月

## Jasmine Syrup

茉莉糖漿

茉莉花茶葉　10g（若是茶包，需5包）
礦泉水　200㎖　／　砂糖　200g

1. 將礦泉水倒入附握把的小煮鍋煮到沸騰，並溶解砂糖。
2. 轉成小火後放入茉莉花茶葉，蓋上蓋子燉煮15分鐘。
3. 確認味道與濃稠狀態。

〈建議保存期限〉常溫保存3個月


## Oolong Syrup

烏龍糖漿

凍結烏龍茶葉　10g　／　礦泉水　200㎖　／　砂糖　150g

1. 將礦泉水倒入附握把的小煮鍋煮到沸騰，並溶解砂糖。
2. 轉成小火後放入烏龍茶葉，蓋上蓋子燉煮15分鐘。
3. 確認味道與濃稠狀態，然後以冷藏保存。

〈建議保存期限〉冷藏保存3個月（若放置在常溫下，會有黴菌產生）


## Tonic Syrup

通寧糖漿

通寧水　250㎖　／　砂糖　200g　／　多香果　2g
檸檬皮　⅛個　／　萊姆皮　⅛個　／　柳橙皮　⅒個

1. 將所有材料放入附握把的小煮鍋煮到沸騰，燉煮15分鐘。
2. 過濾材料後冷卻，然後以冷藏保存。

〈建議保存期限〉冷藏保存2個月


## Indian Spice Syrup

印度香料糖漿

礦泉水　200㎖　／　孜然（Cumin Seed，亦稱阿拉伯茴香）　½小匙
肉桂棒　1根　／　葛縷子　1g　／　丁香　3粒
荳蔻果實　2粒　／　八角　1粒　／　芫荽　4片
生薑　80g　／　砂糖　200g

1. 將所有材料放入附握把的小煮鍋煮到沸騰，燉煮15分鐘。
2. 蓋上蓋子放置約1小時。
3. 過濾材料後冷卻，然後以冷藏保存。

〈建議保存期限〉冷藏保存3個月


## Japanese Pepper & Yuzu Flavor Syrup

日本山椒 & 柚子味糖漿

山椒（新鮮的）　8g　／　柚子皮　1個
礦泉水　200㎖　／　砂糖　150g

1. 將山椒以外的材料放入附握把的小煮鍋煮到沸騰，再以小火燉煮10分鐘。
2. 放入山椒，用小火再煮10分鐘。
3. 冷卻後過濾材料，然後以冷藏保存。

〈建議保存期限〉冷藏保存2個月


# Bitters　苦味

## Spice Citrus Bitters

香料柑橘苦味

檸檬皮　1個　／　檸檬皮（乾燥的）　2tsp
荳蔻（壓碎的）　2粒　／　芫荽種子　極少量
龍膽草　極少量　／　乾蛇麻草　極少量
白胡椒　極少量　／　檸檬草　棒狀　1根
絕對伏特加Absolut Vodka　酒精濃度50度　200㎖
礦泉水　50㎖　／　單糖漿　2tsp

1. 將水和糖漿以外的材料全部放入大型的保存容器內充分混合攪拌，然後靜置2星期備用。（需三不五時攪拌一下。）
2. 取出所有的材料，過濾後再將材料重新放回來。加入礦泉水和糖漿。
3. 把2移到圓盆內，將各圓盆放入裝滿水的鍋子裡。以小火煮10分鐘。
4. 冷卻後放入保存容器內，再靜置1星期（需三不五時攪拌一下。）。
5. 仔細地過濾所有的材料，把雜質徹底清除乾淨。裝到瓶內以常溫保存。


## Vanilla & Coffee Bitters

香草 & 咖啡苦味

香草豆（縱向切成½的）　2顆
阿拉比卡產咖啡豆　30粒　／　柳橙皮（乾燥的）　極少量
黑胡椒　5粒　／　肉桂皮　極少量
威士忌野火雞（Wild Turkey）8年　酒精濃度50.5度　200㎖
礦泉水　50㎖　／　單糖漿　2tsp

做法同「Spice Citrus Bitters香料柑橘苦味」。


## Apple & Cinnamon Bitters

蘋果 & 肉桂苦味

蘋果皮　2個的量　／　肉桂棒　2根　／　多香果　½tsp
芫荽種子　極少量　／　丁香　2粒　／　檸檬皮　¼個
威士忌野火雞（Wild Turkey）8年　酒精濃度50.5度　200㎖
礦泉水　50㎖　／　單糖漿　2tsp

做法同「Spice Citrus Bitters香料柑橘苦味」。

# Glossary

用語集

現在也持續使用著搖晃（Shake）、攪拌（Stir）等基本用語，然而因應時代變遷，使用的工具與用語也開始新潮起來。在考量調酒師們現在已全球性地廣泛交流的背景下，本書也盡量使用共通的用語。在此，將以本書出現的用語為中心進行解說。

## 空氣化　Aire
將水、卵磷脂、素材放入手動攪拌機攪拌，以製作出泡沫的技法。這個用語在西班牙語是「空氣」的意思。它是本身有香味卻不會影響味道的物質，它就像是皮上的油揮發掉的皮一般。英語有時也會稱它為「Air」。

## 香氛　Aroma
使用香氛噴霧機（Aroma Diffuser）或香氛蒸汽機（Aroma Steam）在雞尾酒上薰上香氣的技法。香薰菁華或精油可在藥局、化妝品店、香氛專賣店等處購得。

## 浸漬液　Infusion
將辛香料、草本植物（藥草）、水果等浸漬到烈酒中，萃取出菁華的液態物質。大多是調酒師自行製作，例如，使用浸漬生薑的伏特加浸漬液調製莫斯科騾子（Moscow Mule）、使用浸漬杜松子的琴酒浸漬液調製香味強烈的琴通寧（Gin And Tonic）等。自古以來民眾在自家釀製的梅酒也是一種浸漬液。
※若是販售使用且要在酒類中混合其他物品時，原則上需要酒類的生產許可，不過2008年度稅制修訂中設立了新的特例處置措施。只要確認適用條件後，在各司法管轄區的稅務署進行「特例適用混合の開始」（此為手續名稱）的手續即可。另外，部分申報表不需手續費。

## 通風　Aeration
讓液體接觸空氣的技法。可去掉酒精的酸澀味，讓味道變得圓融，並誘發出香氣。

## 液態氮　Liquid Nitrogen
氮冷卻後的液態。由於它的沸點為−196℃，因此利用它在常溫下會立刻蒸發的性質，將其應用在冷卻劑等物品上。若在雞尾酒上使用液態氮，可以限制冰塊在最少用量的情形下從常溫立刻冷卻，或是讓冷凍雞尾酒品嚐到最後都不溶化。液態氮在各地的氧氣販售公司都有販賣。容器可以租借，使用上不需要許可或資格，但因具有危險性，操作時需多注意。

## 泡沫　Espuma
在食材中添加一氧化二氮氣體（N2O），藉此做出幕斯狀泡沫的調理法（或調理器具）。在西班牙語中，Espuma代表「泡沫」的意思。2005年日本核可一氧化二氮作為食品添加物，因此開始在料理界廣泛使用。另外，以往使用的二氧化氮氣體（CO2）因為會挑選食材，現在多靈活變化為氣泡葡萄酒使用，例如葡萄酒變身為氣泡葡萄酒、威士忌變身為高球（Highball）。

## 裝飾　Garnish
擺在雞尾酒上的裝飾。也稱作裝飾（Decoration）或飾品（Accessory）。

## 經典雞尾酒　Classic Cocktail
這是在調酒師和品酒師之間家喻戶曉的名字，是賓客點酒時經常會選擇的標準雞尾酒。然而，其中主要是以美國禁酒法時代（1920～1933年）結束前既已成形的雞尾酒為經典雞尾酒。19世紀末，有曼哈頓（Manhattan）、琴費士（Gin Fizz）、琴蕾（Gimlet）、琴利奇（Gin Rickey）、代基裡酒（Daiquiri）等酒出現，之後到禁酒法時代前，有新加坡司令（Singapore Sling）、雪白佳人（White Lady）、血腥瑪麗（Bloody Mary）等出現。本書將創作已逾50年以上的雞尾酒作為經典雞尾酒介紹。

**真空低溫烹調法　Sous Vide**

這是「真空下的」之意的法語。真空調理法是法國1979年烹調鵝肝時開發的。如果使用業務專用的真空調理器，可以在短時間內讓液體充分浸漬到素材內，實現了把利口酒浸漬到水果內的「可食用雞尾酒」。

**晶球化　Spherification**

把水果醬汁等液體密封到球體的做法。可利用蔬菜凝膠或海藻酸等製作。密封在當中的醬汁，需要一定的糖度和黏度。

**煙霧　Smoke**

使用電動煙霧機和煙霧芯片在雞尾酒上燻香的技法。它能夠迅速地在液體上燻出煙霧，而且有趣的不是香味，而是品嚐入口時感受到的煙霧。在芯片上添加香薰菁華也能讓煙霧有香味。另外，燻製專門店等商店多有販售柳橙、水蜜桃、葡萄等煙霧芯片的成品。

**拋接　Throwing**

選用品脫玻璃杯（Pint Glass）、瓶（Tin）、玻璃攪拌杯（Mixing Glass）中的任兩個，交互反覆地將材料倒入另一個容器的技法。利用通風效果誘發出素材的香氣。也有使用馬克杯等耐熱容器點火拋接的火焰拋接法（Blazer Style）。

**雙重過濾法　Double Strain**

從附過濾器的雪克杯倒出液體時，再次以短柄濾網過濾。

**轉化　Twist**

以標準雞尾酒酒譜為基調，再添加某些變化調製的技法。調酒師可藉著改變基礎、份量，或添加藥草、辛香料等素材，創造出自我風格的特調雞尾酒。當然，也有用指尖扭轉檸檬皮等素材的意思。

**瓶　Tin**

不鏽鋼製的容器。作為波士頓雪克杯（Boston Shaker）或花式調酒（Flair Bartending）的工具，有各種形狀和材質。

**乾式搖晃　Dry Shake**

不加冰塊的搖晃法。在蛋白或奶油打泡等情形時使用。日本亦稱之為空氣搖晃（Air Shake），是在不放冰塊進行搖晃練習時的用語。

**皮　Peel**

將柑橘類皮內含有的油噴散到雞尾酒上讓香味附著的做法。擠過油的皮，有時會直接丟進玻璃杯內，亦稱作「Twist」或「Zest」。另外也有用打火機在皮上點火讓油分揮發的方式，稱為「Burning Peel」或「Flame Zest」等。

**Press Style**

以無色無味的蘇打水（Plain Soda）調整通寧水或薑味較淡的薑汁汽水等碳酸飲料的做法。日本有時會將蘇打（Soda）和通寧水（Tonic Water）混合的成品稱作「Sonic」，因發音雷同通寧水的簡稱Tonic，經常有聽錯的情形。

**品脫玻璃杯　Pint Glass**

1品脫（16～20盎司）的玻璃杯。蓋在瓶（Tin）上當作「波士頓雪克杯（Boston Shaker）」使用。在酒吧等場合被當作供應啤酒時的玻璃杯使用，形狀也豐富多樣。

**風味烈酒　Flavored Spirits**

使用各種素材中可萃取的香味成分釀造的烈酒。水果、藥草、辛香料的風味烈酒是當然的，番茄或小黃瓜等蔬菜、奶油糖果、蛋糕、鮮奶油、餅乾、棉花糖、軟糖、棉花（軟）糖、甚至也有可口可樂的口味，能在抑制熱量的同時享受到甘甜的雞尾酒。日本通過正式管道輸入的風味烈酒很少，可利用海外的網站購買。

### 波士頓雪克杯　Boston Shaker

由瓶（Tin）與品脫玻璃杯（Pint Glass）或短型瓶（Short Tin）組合而成的雪克杯。其容量大、空氣含量多，能誘發出香氣，適用於使用新鮮水果的雞尾酒。因為沒有過濾器，可以快速不阻塞地倒出調製品。

### 搗碎並攪拌　Muddle／Muddling

使用搗碎棒等器具，一邊搗碎材料一邊混合攪拌的行為。是國際大會上經常使用的用語。

### 調酒術　Mixology

Mix（混合）加～logy（理論）結合而成的造詞。發祥於倫敦，混合了水果、蔬菜、藥草、辛香料等新鮮材料的雞尾酒，或這種形式的雞尾酒。

### 無酒精雞尾酒　Mocktail

不含酒精的雞尾酒。雖為Mock（模造品、贗品）和Cocktail的造詞，但不含任何負面意思。用新鮮水果調製的無酒精雞尾酒是當然的，另外，也逐漸推出添加了辛香料或藥草等各種香氛的無酒精雞尾酒。

### 分子　Molecular

分子的意思，融合了酒精與科學的分子雞尾酒正以歐美為中心廣泛傳開。使用晶球化、泡沫、液態氮的雞尾酒等都符合這一類。原本是烹飪領域使用的手法。

### 外緣塗抹整圈、外緣塗抹半圈
### Rim／Rimmed／Rim half

將砂糖或鹽等材料抹在玻璃杯的外緣。用檸檬等切開的部位接觸並濕潤杯緣的外側，讓杯子以旋轉的方式接觸散布在盤子上的砂糖或鹽即完成。外緣一整圈都有塗抹的稱為Rim或Rimmed，只塗抹半圈的稱為Rim half。日本也稱這種做法為Snow Style（全雪樣式，外緣抹整圈）和Half Moon Style（半月樣式，外緣抹半圈）。

### 參考文獻

《Café Royal Cocktail Book》William J Tarling（編輯）／Jared Brown

《Classic GIN》Geraldine Coate（著）／Prion Books

《Harry's ABC of Mixing Cocktails》Harry Macelhone（著）／Souvenir Pr Ltd

《Mr. Boston》Mr. Boston（著）／Wiley

《Speakeasy: The Employees Only Guide to Classic Cocktails Reimagined》Jason Kosmas, Dushan Zaric（共著）／Ten Speed Press

《The Savoy Cocktail Book》Harry Craddock（著）／Excelsior 1881

《The Artistry of Mixing Drinks：By Frank Meier, Ritz Bar, Paris; 1934 Reprint》Ross Brown（著）／Createspace

『カクテル＆スピリッツの教科書』橋口 孝司（著）／新星出版社

『カクテルホントのうんちく話』石垣 憲一（著）／柴田書店

『新版 バーテンダーズ マニュアル』福西 英三（監修）、花崎 一夫、山崎 正信（共著）／柴田書店

『フレア・バーテンダーズ・バイブル』北條 智之、江田 毅寿、滝藤 育伸（共著）／ナランハ

『読むカクテル百科』福西 英三（著）／河出書房新社

# 後記

「來一杯琴通寧。」

聽到客人開口的調酒師，先選了一只杯子，削冰塊，切一顆萊姆搾汁。然後加入琴酒，以通寧水注滿後遞給客人說聲「請慢用」。雖是一連串平淡無奇的動作，卻是調酒師為了給眼前的客人一杯最棒的雞尾酒，而下意識地進行調配。

哪種琴酒的品牌較好？只用通寧水提味嗎？要加入蘇打做成氣泡類嗎？苦味呢？在這之前，琴酒該冷藏，還是冷凍？冰的形狀，數量呢？萊姆的狀態，切法呢？該在餐前送上，還是餐後呢？今天的氣溫、濕度如何？——種種問題不勝枚舉，重視標準酒譜再依個人創意調製出一杯雞尾酒，又或是配合場合提供適合的雞尾酒。儘管腦中構思的創意與期望達到的範圍不同，但「想讓客人品嚐美味的雞尾酒」、「讓客人享受酒吧的氣氛」這樣的心情卻是相同的。而這也一定是現在的標準雞尾酒誕生至今，以及未來仍身為一名調酒師的基本條件。

這就是現在本書目前為止所介紹的雞尾酒。當然也是因為在這個時代取得了全新手法與工具，但若非調酒師的上進心與服務精神，這樣的雞尾酒是不會誕生的。以愉悅心情報告私釀烈酒滋味不錯的調酒師；嘗試新工具而振奮的調酒師；訴說著調製創意酒譜時曾發生過哪些逸事的調酒師；在海外弄到了獨特的風味烈酒而歡欣喜悅地推薦給客人的調酒師；為了一杯經典的雞尾酒不斷調配到滿意為止的調酒師……看著這些令人敬愛的調酒師的模樣，希望能讓許多人瞭解到「雞尾酒是一種藝術、一種文化，而它也持續創新」……於是，便展開了本書的企劃。

以獨創的創意與工具開拓全新道路的調酒師、徹底追求標準努力研究經典雞尾酒的調酒師，儘管兩者的方向不同，卻都以追求更棒的雞尾酒而進化。從未上過酒吧的人，或是長年累月經常上酒吧的人，或是調酒師，如果您看到了前述的這些雞尾酒，能因此感受到調酒師的熱情，禁不住想去酒吧喝一杯雞尾酒，對筆者來說是再高興不過的事了。非常感謝諸位欣然接受採訪、在雞尾酒投注許多創意的調酒師們，以及各地的調酒師，平日承蒙你們的照顧了，還有優秀的品酒師們。正是因為有一流的調酒師與品酒師，才會誕生一流的酒吧與雞尾酒。

いしかわ　あさこ

ASAKO ISHIKAWA

企劃、取材、撰文

**いしかわ あさこ** (ASAKO ISHIKAWA)
生長於東京都。被經營餐廳的祖父母的模樣吸引，自幼便對餐飲業抱持興趣。大學時代起開始到處造訪酒吧，看著酒吧逐漸發展。2008年，開設介紹酒吧和雞尾酒酒譜的網站「今夜的酒吧是？（今宵のバー？）」（http://www.koyoinobar.com/）。擔任威士忌專業書籍《Whisky World》和《威士忌通訊》傳遞世界酒吧與雞尾酒趨勢的WEB雜誌《DRINK PLANET》等書的編輯、執筆者。

TITLE

**調酒師最先端雞尾酒譜**

STAFF

| | |
|---|---|
| 出版 | 瑞昇文化事業股份有限公司 |
| 編著 | いしかわ あさこ (ASAKO ISHIKAWA) |
| 譯者 | 張華英 |
| 總編輯 | 郭湘齡 |
| 責任編輯 | 王瓊苹 |
| 文字編輯 | 黃雅琳　林修敏 |
| 美術編輯 | 謝彥如 |
| 排版 | 執筆者設計工作室 |
| 製版 | 明宏彩色照相製版股份有限公司 |
| 印刷 | 桂林彩色印刷股份有限公司 |
| 法律顧問 | 經兆國際法律事務所　黃沛聲律師 |
| 戶名 | 瑞昇文化事業股份有限公司 |
| 劃撥帳號 | 19598343 |
| 地址 | 新北市中和區景平路464巷2弄1-4號 |
| 電話 | (02)2945-3191 |
| 傳真 | (02)2945-3190 |
| 網址 | www.rising-books.com.tw |
| Mail | resing@ms34.hinet.net |
| 本版日期 | 2015年7月 |
| 定價 | 400元 |

國家圖書館出版品預行編目資料

調酒師最先端雞尾酒譜 / いしかわ　あさこ編
集；張華英譯. -- 初版. -- 新北市：瑞昇文化,
2013.11
136面；21X29公分

ISBN 978-986-5749-05-7 (平裝)

1.調酒

427.43　　　　　　　　　　　102023006